FORSCHUNGSBERICHTE DES LANDES NORDRHEIN-WESTFALEN
Nr. 2295

Herausgegeben im Auftrage des Ministerpräsidenten Heinz Kühn
vom Minister für Wissenschaft und Forschung Johannes Rau

Prof. Dr. Heinz Beneking
Dr.-Ing. Jörg Naumann
Dr.-Ing. Heinz Storck

Institut für Halbleitertechnik der
Rhein.-Westf. Techn. Hochschule Aachen

Untersuchungen über integrierte
Kettenverstärker

Westdeutscher Verlag Opladen 1973

ISBN-13: 978-3-531-02295-6   e-ISBN-13: 978-3-322-88336-0
DOI: 10.1007/978-3-322-88336-0

© 1973 by Westdeutscher Verlag, Opladen
Gesamtherstellung: Westdeutscher Verlag

Inhalt

Untersuchungen über integrierte Kettenverstärker 5

1. Einleitung 5

2. GaAs-MeSFET mit Streifenleitungsanschlüssen 7
   2.1 Allgemeines 7
   2.2 Technologie 8
   2.3 Elektrische Eigenschaften 12
   2.4 Diskussion 13

3. Microstrip-Streifenleitungen auf hochohmigen
   Halbleitersubstraten 14
   3.1 Elektrische Eigenschaften 14
   3.2 Technologie der Microstrip-Leitungen 17

4. Rechnergestütztes Entwurfsverfahren 17
   4.1 Theorien des Kettenverstärkers 17
   4.2 Analyse- und Optimierungsprogramm 19
   4.3 Ergebnisse 22

5. Zusammenfassung 25

Literaturverzeichnis 26

Abbildungen 30

Untersuchungen über integrierte Kettenverstärker
===

Die vorliegende Arbeit ist eine Studie zum Kettenverstärker-Prinzip. Dabei steht die Frage im Vordergrund, inwieweit sich integrierte Kettenverstärker mit GHz-Feldeffekt-Transistoren realisieren lassen. Wie die Ergebnisse zeigen, läßt sich das Prinzip des vollintegrierten Verstärkers, bei dem sowohl die aktiven Elemente als auch die Verzögerungsleitungen auf Halbleitermaterial aufgebaut sind, verwirklichen. Wegen der Schwierigkeit, an vorbestimmten Orten des Substrates aktive Elemente mit vorgegebenen Eigenschaften erzeugen zu müssen, empfiehlt sich zur Zeit noch ein hybrider Aufbau.

1. Einleitung

In einem Britischen Patent von 1935 gibt W.S. Percival (1) die Grundidee des Kettenverstärkers an, aber erst 1948 beschreiben Ginzton u.a. (2) unter dem Namen "verteilte Verstärkung" (distributed amplification) den Kettenverstärker in seiner bekannten Form als Netzwerk konzentrierter Elemente. Mit diesem Verstärkerprinzip ist es durch Einbeziehung parasitärer Kapazitäten möglich, die Bandbreitebegrenzung konventioneller Verstärkerstufen (Kaskadenverstärker) zu umgehen.

Nach Wheeler (3) und Hansen (4) ist das Verstärkungs-Bandbreite-Produkt als ein Gütemaß zur Charakterisierung der Breitband-Verstärkungs-Eigenschaften eines aktiven Elements anzusehen. Für spannungsgesteuerte Elemente beträgt das Verstärkungs-Bandbreite-Produkt

$$f_o = v \cdot B = \frac{S}{2\pi C} \qquad (1)$$

mit S=Steilheit und C=Summe der Ein- und Ausgangskapazitäten des Elements. Bei mehrstufigen Breitband-Kaskadenverstärkern ist als Grenzwert die Bandbreite nach Gl. (1) für v=1 gegeben.

Der allgemeine Aufbau des Kettenverstärkers ist in Abb. 1 gezeigt. Er besteht aus zwei parallelen Laufzeitketten, die durch längs der Laufzeitketten verteilte aktive Elemente gekoppelt sind. Die Ein- und Ausgangskapazitäten der aktiven Elemente werden in die Laufzeitketten einbezogen, d.h. als Querkapazitäten der konzentrierten Laufzeitglieder benutzt. Eine Welle, die in die Eingangslaufzeitkette hineinläuft, steuert nacheinander alle aktiven Elemente an, welche in der Ausgangsleitung jeweils vor- und rückwärtslaufende Wellen anregen. Sind die Laufzeiten der beiden Ketten gleich, so addieren sich die vorwärtslaufenden Wellen in der Ausgangskette phasenrichtig. Die Verstärkung ist gleich der Summe der Einzelverstärkungen, d.h. bei gleichartigen Stufen

$$v = n \cdot S \cdot \frac{Z_{oa}}{2} \qquad (2)$$

n ist die Zahl der Transistoren, Z_{oa} der Wellenwiderstand der Ausgangsleitung.

Die Grenzfrequenz dieses idealen Kettenverstärkers mit idealen aktiven Elementen, die durch die frequenzunabhängigen Größen Steilheit und Ein- und Ausgangskapazitäten beschrieben sind, ist nur durch die Grenzfrequenz der Laufzeitglieder begrenzt. Durch Verwendung vieler Stufen mit Stufenverstärkungen kleiner als eins lassen sich Verstärkungen größer als eins mit größeren Bandbreiten als beim Kaskaden-Verstärker erreichen.

Bei Kettenverstärkern mit realen aktiven Elementen treten zusätzliche Effekte auf, die die Eigenschaften des Kettenverstärkers wesentlich beeinflussen. Die Rückwirkung der aktiven Elemente führt leicht zur Instabilität des Verstärkers. Die Wirkkomponenten der Ein- und Ausgangsimpedanzen der aktiven Elemente bedämpfen die Laufzeitketten. Dies wirkt sich besonders in der Eingangskette aus, da die einlaufende Welle u. U. stark gedämpft wird, und so die vom Eingang weiter entfernten Elemente nur mit kleineren Spannungen angesteuert werden. Damit ist die sinnvoll einsetzbare Zahl der aktiven Elemente wesentlich begrenzt und damit auch die Leistungsfähigkeit des Kettenverstärkers. Rückwirkung und Wirkkomponente der Impedanzen der aktiven Elemente führen zu periodischen Schwankungen der Verstärkung.

Erfolgreich wurden Kettenverstärker mit Pentoden gebaut (5), da die Pentode näherungsweise die Eigenschaften des definierten idealen aktiven Elements besitzt. Trioden sind wegen ihrer hohen Rückwirkung nicht geeignet. Es kommt zur Selbsterregung oder bei den kritischen Frequenzen zu einem starken Verstärkungsanstieg (6). Auch die bipolaren Transistoren sind wegen ihrer bei hohen Frequenzen stark frequenzabhängigen Eingangsimpedanzen mit dem sehr kleinen Realteil der Impedanz und der frequenzabhängigen Steilheit nur mit geringem Erfolg in Kettenverstärkern eingesetzt worden (6), (7), (8). Man erhält im allgemeinen eine monoton fallende Verstärkung, überlagert mit einer periodischen Schwankung.

Feldeffekt-Transistoren dagegen haben hohe Eingangsimpedanzen. Jedoch sind bei MOSFETs die Rückwirkungskapazitäten im allgemeinen groß (Größenordnung 1 pF), und ihre Steilheit ist klein. Schottkygate-Feldeffekt-Transistoren (MeSFET) werden mit Rückwirkungskapazitäten in der Größenordnung von 0,05 pF und maximalen Schwingfrequenzen bis zu 30 GHz gefertigt (30). Damit dürften solche Bauelemente für Kettenverstärker geeignet sein (6). JFETs (FETs mit pn-Sperrschicht-Steuerung) haben vergleichbare elektrische Eigenschaften wie MeSFETs, aber sie sind technologisch wesentlich schwieriger herstellbar. Aus diesen Gründen wurde in der vorliegenden Studie als aktives Element der Schottkygate-Feldeffekt-Transistor gewählt und die zur Herstellung notwendigen technologischen Verfahrensschritte aufgebaut. Die Forderungen an den Transistor vom Kettenverstärker her sind:
Kleine Rückwirkung,
hoher Wert des Realteils der Ein- und Ausgangsimpedanzen,
hohe, frequenzunabhängige Steilheit und
frequenzunabhängige Ein- und Ausgangskapazitäten.

Die Verwendung von Transistoren mit hoher Grenzfrequenz legt nahe, die Schaltung in integrierter Technik aufzubauen, um parasitäre Effekte besonders beim Einbau der Transistoren möglichst zu vermeiden. Bei Frequenzen im GHz-Bereich wird die Schaltung eine Leitungsschaltung sein müssen. Es sind zwar bis zu Frequenzen von 10 GHz noch konzentrierte Bauelemente (Kapazitäten, Induktivitäten) mit der Planartechnologie herstellbar (9), jedoch sind ihre Güten bei den hohen Frequenzen gering, ihre Technologie aufwendiger als die der Streifenleitungen, und sie sind nicht kreuzungsfrei herstellbar.

Integrierte Mikrowellenschaltungen werden vorwiegend in Microstrip-Streifenleitungs-Technik ausgeführt, bei der auf der Oberfläche eines dielektrischen Trägers die Schaltung gefertigt wird. Bei monolithischen Schaltungen muß das Halbleitermaterial auch Träger der Streifenleitungen sein. Um Leitungen mit kleinen Dämpfungsbelägen zu erhalten, muß sehr hochohmiges Halbleitermaterial gewählt werden. Mit dieser Forderung ist Silizium nur bedingt brauchbar, da bei Siliziummaterial mit spezifischen Widerständen oberhalb von einigen tausend Ω cm thermische Konversionseffekte auftreten (10). Bei Chrom-dotiertem halbisolierendem Gallium-Arsenid (spezifischer Widerstand größer als $10^6 \Omega$ cm) treten solche Effekte nicht auf (37). Auch bezüglich elektrischer Eigenschaften der Transistoren bringt GaAs Vorteile gegenüber Si, u.a. eine höhere Träger-Beweglichkeit und eine höhere Sättigungsdriftgeschwindigkeit. Damit werden höhere Grenzfrequenzen der Transistoren erreicht. Geeignet dotiertes GaAs für die Transistoren erhält man durch epitaktische Abscheidung dünner GaAs-Schichten auf dem hochohmigen GaAs-Substrat.

In den folgenden Abschnitten werden getrennt die technologische Herstellung der McSFETs und deren elektrische Eigenschaften sowie die Eigenschaften der Streifenleitungen auf hochohmigem Halbleitersubstrat und deren Technologie behandelt. Anschließend wird ein rechnergestütztes Entwurfsverfahren für Kettenverstärker beschrieben, und die Ergebnisse werden mitgeteilt.

2. GaAs-MeSFET mit Streifenleitungsanschlüssen (11)

2.1 Allgemeines

In diesem Abschnitt soll über die Herstellung eines GaAs-Schottkygate-FETs berichtet werden. In diesem Bauelement wird der Strom zwischen Source und Drain durch die Raumladungszone eines Schottkykontaktes gesteuert (12). In Abb. 2 ist der schematische Aufbau zu sehen. Der Strom fließt vom Sourcekontakt durch die dünne n-leitende Epitaxieschicht zum Drainkontakt.

In den meisten theoretischen Betrachtungen (13), (14) über den pn-FET wird ein abrupter pn-Übergang vorausgesetzt, und Minoritätsladungsträger werden vernachlässigt. Die Ergebnisse dieser Betrachtung können zur Beschreibung von Schottkygate-FETs übernommen werden, da diese Voraussetzungen bei Schottkykontakten immer erfüllt sind.

Die maximale Driftgeschwindigkeit v_m und die Kanallänge L sind die wichtigsten Größen für eine hohe maximale Schwingfrequenz, wobei gilt (14, 14a)

$$f_{max} \sim \frac{v_m}{L} \qquad (3)$$

Außerdem haben Vorwiderstände, Zuleitungsinduktivitäten und Kapazitäten zwischen den Elektroden wesentlichen Einfluß auf die elektrischen Eigenschaften. Unter Berücksichtigung dieser Bedingungen wurde eine geeignete Struktur nach Abb. 3 entworfen. Die Abstände zwischen den Kontakten müssen so klein wie möglich sein. Hier wurden für die kritischen Abstände zwischen Source und Gate, Drain und Gate und für die Gatelänge je 2 /um gewählt. Die Doppelgatestruktur besitzt einerseits eine große Kanalbreite (2x180 /um), andererseits jedoch einen geringen Widerstand entlang des Gatestreifens (ca. 8 Ω Gleichstromwiderstand).

Da der Transistor über definierte Leitungen (50Ω-Streifenleitungen, 110 /um breit bei 150 /um dickem GaAs-Substrat) angeschlossen wird, werden die bei dem üblichen Einbau in Transistorgehäusen zusätzlich auftretenden parasitären Elemente vermieden. Dies ist vor allem bei hohen Frequenzen sehr bedeutsam. Der Anschluß durch Streifenleitungen erfordert eine offene Bauelementstruktur nach Abb. 4, da nur bei dieser Struktur alle Kontakte kreuzungsfrei kontaktierbar sind. Source und Drain befinden sich hier auf einer dünnen niederohmigen Mesainsel, welche durch den Gatestreifen in zwei Hälften geteilt wird. Technologisch treten durch die Mesainsel gewisse Schwierigkeiten auf.

GaAs besitzt gegenüber Si und Ge höhere Werte von Driftgeschwindigkeit und Beweglichkeit, dies ist für den Transistor von entscheidender Bedeutung. Durch Kompensation kann man außerdem sehr hochohmiges Material ($10^8 \Omega$ cm) herstellen, eine Voraussetzung für die Herstellung verlustarmer Streifenleitungen. Diese Gründe waren ausschlaggebend für die Wahl des Halbleitermaterials GaAs, obwohl Materialherstellung und Bearbeitung nicht so gut beherrscht werden wie bei den Standardhalbleitern Si und Ge.

2.2 Technologie

Zur Herstellung von MeSFETs werden dünne, hochdotierte, n-leitende GaAs-Schichten benötigt. Mit Hilfe des Gasepitaxieverfahrens kann man geeignete Schichten auf semiisolierendem, chromdotiertem Substrat abscheiden. Wichtig für die Auswahl des richtigen Verfahrens ist die Aufwachsrate und die Depositionstemperatur. Die Temperatur bestimmt die Ausdiffusion aus dem Substrat in die Epitaxieschicht. Von der Depositionsrate hängen Dicke und Reproduzierbarkeit dünnster Schichten ab.

Die Anlage für den sogenannten Effer-Prozeß zeigt Abb. 5. Nach dieser Methode wurden im Rahmen dieser Arbeit dünne Schichten (< 1 /um) hergestellt. Die größte Schwierigkeit für die Herstellung der MeSFETs bedeutete die inhomogene Schichtdicke. Die maximalen Sättigungsströme sind ein Maß für die Schichtdicke. In Abb. 6 sind die Schwankungen der Ströme und damit die Schwankung der Schichtdicke an zwei typischen Epitaxiescheiben zu sehen.

Für die MeSFETs mit offener Struktur benötigt man Epitaxieinseln in semiisolierender Umgebung. Außerhalb der Inseln wird die Epitaxieschicht schrittweise durch Ätzung abgetragen. Durch Messung der Durchbruchscharakteristik mit zwei Wolframnadeln kann festgestellt werden, wann die Epitaxieschicht abgetragen ist. Bei sehr sorgfältiger Durchführung (Beobachtung von Durchbruchsspannung und maximalem Strom) gestattet diese Methode eine genaue Bestimmung der Epitaxieschichtdicke. Mesaflanken bis zu 2 μm Höhe können bei der hier beschriebenen Fotolacktechnik zugelassen werden. Zur Passivierung der Oberfläche und zur Verhinderung der galvanischen Abscheidungen auf der Halbleiteroberfläche außerhalb der Kontakte wird bei dem eigenen Verfahren eine isolierende SiO_2-Schicht benötigt. Für die Photolithographie kleinster Strukturen müssen die Schichten homogen (gleiche Ätzrate) und planparallel (alle Fenster müssen gleichzeitig freigeätzt sein) sein. Es wurde ein Verfahren gewählt, welches bei niedriger Temperatur abläuft (400°C). Die pyrolitische Zersetzung von Kieselsäuretetraäthylester ($Si(C_2H_5O)_4$) in oxydierender Atmosphäre (18) erlaubt hierbei tiefere Substrattemperaturen als in reduzierender Atmosphäre, was technologisch von Vorteil ist (19).

Die Belichtung des Lackes wurde mit Hilfe von Kontakt- und Mikroprojektion vorgenommen. Das Mikroprojektionsverfahren (20) ermöglicht die einwandfreie Herstellung von Strukturen bis zu 1 μm. Dabei muß jedoch jedes einzelne Element einzeln belichtet werden, weil das ausleuchtbare Feld sehr klein ist (500 μm Durchmesser). In allen Fällen, bei denen es nicht auf höchste Strukturgenauigkeit ankommt, wird die Kontaktbelichtung angewendet (für Mesainseln und Streifenleitungen). Es wird überwiegend mit dem Positivlack AZ 1350 von Shipley gearbeitet. Shipley AZ 1350 ist in Aceton sehr leicht lösbar. Dies gestattet die Anwendung der Abhebetechnik (stripping-technique) (21) zur Herstellung von Metallstrukturen. In Abb. 7 sind die einzelnen Prozeßschritte dargestellt. Abb. 8 zeigt eine Rastermikroskopaufnahme der Scheibenfläche vor dem Strippen. Man sieht deutlich, daß an der Lackkante keine Verbindung zwischen dem Metall auf der GaAs-Oberfläche (links) und dem Metall auf der Lackoberfläche besteht.

Die Elektroden des MeSFETs wurden mit verschiedenen Metallen hergestellt. Bei GaAs bildet sich unter einem Metallkontakt im allgemeinen eine Verarmungsrandschicht aus (22), (23). Für den Ladungstransport vom Halbleiter zum Metall gibt es drei verschiedene Mechanismen: die thermische Emission, die thermische Feldemission und die Feldemission (Abb. 9). Die Strom-Spannungs-Beziehung eines Metall-Halbleiterkontaktes ist im allgemeinen eine Exponentialfunktion.

$$I = I_o \left\{ \exp\left(\frac{U}{U_n}\right) - 1 \right\} \qquad (4)$$

I_o ist der Reststrom, U_n eine modifizierte Temperaturspannung. Beim Schottky-Kontakt muß der Reststrom I_o möglichst klein, beim ohmschen Kontakt jedoch möglichst groß sein.

Bei n-GaAs lassen sich Schottky-Kontakte relativ leicht mit den verschiedensten Metallen herstellen, da das Ferminiveau an der Oberfläche unabhängig von der Wahl des Metalles um ca. 1/3 des Bandabstandes oberhalb des Valenzbandes liegt. Aufgrund des großen Bandabstandes erhält man außerdem eine hohe Barriere am Rande. Ist die Barriere außerdem breit genug (Dotierung $\leq 10^{16} cm^{-3}$), so liegt fast nur thermische Emission vor, und man erhält genügend kleine Restströme. Bei der Herstellung sind sekundäre Probleme wie z. B. Haftung an der Oberfläche und Verbindungsbildung bei höheren Betriebstemperaturen entscheidend. Aus diesen Gründen wurden hier Chrom (zur besseren Haftung) und Nickel (keine Reaktion mit dem GaAs unterhalb 500°C im Gegensatz zum Gold (24)) nacheinander aufgedampft.

Ein idealer ohmscher Kontakt sollte weder einen Widerstand darstellen noch die Ladungsträgerdichten im Halbleiter beeinflussen. Unter einem Metall-Halbleiterkontakt, der einen sehr hohen Reststrom I_o besitzt, kann man diesen Zustand näherungsweise realisieren. Der Reststrom ist um so größer, je niedriger und schmaler die Potentialbarriere an der Halbleiteroberfläche ist. Bei Erhöhung der Dotierung wird die Barriere schmaler. Außerdem wird die Barrierenhöhe durch Vergrößerung des Bildkraftanteils und Verschiebung des Ferminiveaus in Richtung Leitungsbandkante kleiner (25). Die Barrierenhöhe hängt beim GaAs in erster Linie von der Dichte der Oberflächenzustände ab. Diese Dichte kann beeinflußt werden durch einen Periodizitätsabschluß des Kristalls an der Oberfläche in Form von chemischen Bindungen mit dem Metall. Bei Au, Sn und Au-Ge konnte eine Verminderung der Barrierenhöhe mit zunehmender Nachbehandlungstemperatur gemessen werden (24), (26), (27).

Zusammenfassend folgt für die technologische Realisierung eines ohmschen Kontaktes, daß man versuchen muß, die Dotierung unter dem Kontakt zu erhöhen, durch geeignete Verbindungsbildung an der Oberfläche die Barrierenhöhe zu erniedrigen und isolierende Zwischenschichten zu beseitigen. Eine Möglichkeit, den Halbleiter unter dem Metallkontakt diesen Forderungen entsprechend zu verändern, bietet das Legierungsverfahren. Dabei verwendet man Metalle, die mit dem GaAs ein niedrig schmelzendes Eutektikum bilden. Falls diese Metalle im GaAs nicht als Donatoren wirken, müssen entsprechende Dotierungszusätze beigefügt werden. Hier wurde als Legierungsmetall Gold mit einem Dotierungszusatz (1 % Tellur) benutzt. Zur besseren Benetzung bei der Legierung wurden 50 Å Chrom und unmittelbar danach 500 Å Au/Te aufgedampft. Die Legierung erfolgte durch Erhitzen auf 480°C im Vakuum (5 Minuten).

Die wichtigsten Ergebnisse sind im Folgenden zusammengestellt:

a) Chromschichtdicken von weniger als 50 Å führen zu höheren Kontaktwiderständen und schließlich zu mangelhafter Benetzung der Kontaktfläche. Zu dicke Schichten (400 Å Cr bei 900 Å Au/Te) haben unreproduzierbare Legierungen und höhere Kontaktwiderstände zur Folge.
b) Die Dicke der Goldschicht (200 Å bei 50 Å Cr) hat keinen Einfluß auf den spezifischen Kontaktwiderstand, falls die Kontakte galvanisch verstärkt werden. Dann spielt auch der Kontaktdurchmesser keine Rolle mehr.
c) Eine Substrattemperatur beim Aufdampfen von 130°C zeigte eine bessere Reproduzierbarkeit der Ergebnisse als von Zimmertemperatur. Eine weitere Steigerung war wegen der Aushärtung des Fotolackes nicht möglich. Eine Verbesserung des Kontaktwiderstandes durch Aufdampfen bei der Legierungstemperatur konnte nicht erzielt werden. Die Strukturierung erfolgte dabei durch eine Lochmaske.

d) Im Bereich der Dotierung von $3 \cdot 10^{16} \mathrm{cm}^{-3}$ bis $5 \cdot 10^{17} \mathrm{cm}^{-3}$ kann man die Abhängigkeit des spezifischen Kontaktwiderstandes näherungsweise mit

$$\frac{\varrho_c}{\Omega \, \mathrm{cm}^2} = 5 \cdot 10^{12} \left(\frac{N_D}{\mathrm{cm}^3}\right)^{-1} \tag{5}$$

beschreiben. Dieser Zusammenhang wurde auch für Cr/Au-Ge-Eutektikum gefunden. Die Orientierung der Oberfläche ((111), ($\bar{1}\bar{1}\bar{1}$) und (100)) spielte dabei keine Rolle.

e) Hat man zwischen der 50 Å dicken Chromschicht und der 50 Å dicken Au/Te-Schicht 100 Å Ni, so ist nach der Legierung kein Einfluß auf die Größe des Kontaktwiderstandes feststellbar.

f) Die oben angegebene Legierungsdauer von 5 Minuten gewährleistet die beste Reproduzierbarkeit (alle Kontakte sind ohmsch). Bei kürzeren Zeiten konnten vereinzelt bis zu 1/10 des normalen Kontaktwiderstandes gemessen werden. Auf der Scheibe waren dann jedoch nur wenige Kontakte ohmsch.

g) Durch mikroskopische Beobachtung der Kontaktfläche (Cr/Au) während des Legierungsvorganges wurden die folgenden Veränderungen festgestellt: Bei 350°C ändert sich die Farbe des Kontaktes (noch kein ohmsches Verhalten). Bei ca. 450°C bilden sich an einzelnen Punkten Erhebungen, welche allmählich über die Kontaktfläche wandern. Beim Abkühlen unter 450°C erstarrt die Oberfläche plötzlich. Dies ist durch eine leichte Farbänderung gut erkennbar.

Die Herstellung sehr schmaler Metallstrukturen ist bei der verwendeten Stripping-Methode nur mit sehr dünnen Metallschichten (500 Å) möglich. Zur Verminderung des elektrischen Ausbreitungswiderstandes in den metallischen Leiterbahnen ist eine galvanische Verstärkung notwendig. Für gute elektrische Eigenschaften ist ein niedriger Metallisierungswiderstand des Gatestreifens wichtig. Durch die Galvanisierung mit 0,6 µm Gold konnte er beträchtlich vermindert werden. Der spezifische Widerstand des Goldes auf diesen Streifen ist nur etwa doppelt so groß wie der des reinen Goldes. Am Gatestreifen wurden z.B. ca. 16 Ω gemessen. Da eine Doppel-Gatestruktur verwendet wurde, verringerte sich der Gesamtwiderstand auf 8 Ω. Wolf (30) konnte mit Hilfe eines Transmissionsleitungsmodelles zeigen, daß dieser verteilte Widerstand am Eingang des Transistors nur näherungsweise zu einem Drittel wirksam ist, also $R_g \approx 3\,\Omega$ (siehe auch Abb. 15).

Elektrolytisch abgeschiedene Feingoldschichten zeichnen sich neben hoher Leitfähigkeit durch sehr gute chemische Resistenz und leichte Kontaktierbarkeit aus. Diese Schichten werden aus schwach sauren Goldbädern kathodisch abgeschieden. Für gute Leitfähigkeit der Schichten ist es wichtig, daß der Fremdstoffgehalt im Elektrolytgold klein ist (28). Es wurde mit zwei verschiedenen Bädern (Vorvergoldungsbad Aurobond und Feingoldbad Pur-A-Gold von der Fa. Dürrwächter, Stromdichte 30 µA/mm²) gearbeitet. In Abb. 10 ist ein Ausschnitt der galvanisierten Transistorkontakte zu sehen. Das schwierigste Problem bei der elektrolytischen Verstärkung ist die Haftung der galvanischen Überzüge auf den dünnen Metallschichten. Vor der Bekeimung mit Gold müssen absolut saubere Metalloberflächen vorliegen. Dies ist auch im Hinblick auf scharfe Kanten der galvanischen Streifen wichtig. Für die gleichzeitige galvanische Verstärkung von Strukturen verschiedener Metalle (z.B. Au, Ni) wurde die kathodische Ätzung (29) im Vakuum mit sehr gutem Erfolg eingesetzt. Bei diesem Verfahren wird die Oberfläche mit Argonionen beschossen. Die Energie der Ionen muß groß genug sein, um die Oberfläche abzutragen. Andererseits darf aber keine tiefgehende Zerstörung der Kristalloberfläche auftreten (24).

Zusammenfassung der Herstellungsschritte

Die Reihenfolge der technologischen Herstellungsschritte soll nun in Stichworten skizziert werden.

1. Gasepitaxie, Schichtdicke ca. 0,5 μm, Dotierung ca. $10^{16} cm^{-3}$
2. Mesainsel (Abb. 11)
   1. Kontaktkopie
   2. Oxidätzung
   3. GaAs-Beizung, ca. 0,8 μm tief
   4. Pyrolytische Abscheidung von SiO_2, 1500 Å
3. Ohmsche Kontakte (Abb. 12)
   1. Mikroprojektion
   2. Oxidätzung
   3. Chrom- und Gold-Tellur-Bedampfung
   4. Strippen
   5. Legieren bei 480°C
4. Schottky-Kontakte (Abb. 13)
   1. Mikroprojektion
   2. Oxidätzung
   3. Chrom- und Nickelbedampfung
   4. Strippen
5. Streifenleitungsanschlüsse
   1. Kontaktkopie
   2. Oxidanätzen, 500 Å tief
   3. Chrom- und Goldbedampfung
   4. Strippen
   5. Ätzung mit Argon
   6. Galvanische Verstärkung (0,6 μm)
   7. Kontaktkopie mit dickem Fotolack (ca. 5 μm)
   8. Galvanische Verstärkung der Streifenleitungen zwischen Fotolackwänden auf ca. 5 μm
   9. Lackentfernung und Ätzung mit Argon
6. Elementaufbau
   1. Planparalleles Abschleifen der Scheibe auf 150 μm Dicke
   2. Sägen in Chips, 900 x 900 μm^2
   3. Reinigen mit Lösungsmitteln
   4. Aufkleben der Endverbindung mit leitfähigem Kleber
   5. Trocknung bei 80°C

2.3 Elektrische Eigenschaften

Die Eigenschaften der Transistoren wurden durch Gleichstrommessungen und durch Messung der S-Parameter im Frequenzbereich von 0,1 - 12 GHz (Network-Analyzer HP 8410) bestimmt. Zur Kontaktierung der Transistoren wurde eine Streifenleitungs-Testfassung nach Abb. 14 entwickelt, bei der die Streifenleitungen auf dem Transistorchip mit sehr kleinen Federchen abgetastet und die Sourcekontakte über breite Goldflächen mit leitfähigem Kleber mit der Grundplatte verbunden werden. Hierdurch wird der Einbau der Transistoren in Transistorfassungen vermieden, die die Höchstfrequenz-Eigenschaften des Transistors wesentlich beeinflussen. Die Berechnung der Daten des eigentlichen Transistors aus den gemessenen Daten des gekapselten Transistors führt dann zu stark fehlerbehafteten Ergebnissen. Bei der verwendeten Testfassung sind die Bezugsebenen am eigentlichen Transistor eindeutig definiert. Meßfehler, bedingt durch die Testfassung und die Meßfehler des Meßsystems, werden durch Eichmessungen korrigiert (32).

Aus den gemessenen S-Parametern und den Gleichstrommessungen wurde ein Ersatzbild nach Abb. 15 aufgestellt (32), (33). In Abb. 16 ist das Ersatzbild eines MeSFETs mit der maximalen Schwingfrequenz f_{max} = 7 GHz angegeben. Abb. 17 zeigt die Ortskurven der y-Parameter. Eine Berechnung der Leistungsverstärkung aus den gemessenen S-Parametern empfiehlt sich nicht, da die auftretenden Differenzen fast gleicher Größen zu großen Fehlern führen. Die maximal verfügbare Leistungsverstärkung MAG wurde deswegen jeweils direkt gemessen, wobei Eingang und Ausgang mit Hilfe von Tunern angepaßt wurden. In Abb. 18 sind Meßkurven für zwei Transistoren mit unterschiedlichen Verlustwiderständen R_s gezeigt, woraus man den entscheidenden Einfluß von R_s auf die Grenzfrequenz (MAG = 0) erkennt. In Abb. 19 sind die bisher bekannt gewordenen Ergebnisse anderer Autoren, die eigenen Ergebnisse und der nach der Zuleeg'schen Theorie (14) erwartete Verlauf der Grenzfrequenz f_{max} eingetragen. Die eigenen Werte, nämlich $f_{max} \approx$ 11 GHz für eine Kanallänge von 2 /um fügen sich in dieses Bild gut ein.

2.4 Diskussion

Die reproduzierbare Herstellung der erforderlichen Epitaxieschichten war sehr schlecht. Aus den Forderungen des Kettenverstärkers bezüglich der elektrischen Eigenschaften der Transistoren - hohe Steilheit, kleine Serienwiderstände und geringe Streuung der Transistordaten - resultieren die folgenden Forderungen an die Epitaxieschichten: Es werden großflächige homogene Schichten (ca. 6 x 1 cm^2) benötigt. Die Schichten sollen planparallel und ca. 0,5 /um stark sein und konstante Dotierung (ca. $3 \cdot 10^{16} cm^{-3}$) und hohe Beweglichkeit (mindestens 2500 cm^2/Vs) besitzen. Diese Forderungen sind für den derzeitigen Stand der Technik zu hoch, insbesondere bezüglich der Reproduzierbarkeit. Dies gilt nicht nur für die selbst hergestellten Schichten, sondern auch für Firmenprodukte. Solche besaßen zwar eine geringe Schwankung, waren aber für die Herstellung eines Kettenverstärkers nicht gut genug. Der Mangel an geeigneten Scheiben hatte zur Folge, daß für den Aufbau der Transistoren und die passive Schaltung getrennte Chips verwendet werden mußten.

Die Beherrschung der Herstellung geeigneter Epitaxieschichten ist damit Voraussetzung für die Realisierung eines integrierten Mikrowellenverstärkers. Daneben gibt es noch folgende Verbesserungsmöglichkeiten:

1. Verkleinerung der Bauelementstruktur mit Streifenbreiten von 1 µm. Dies hat eine Verdoppelung der inneren Steilheit und der maximalen Schwingfrequenz zur Folge. Bei verbesserter Mikroprojektionsanlage sollten dabei keine allzu großen Schwierigkeiten zu überwinden sein.
2. Verminderung der Serienwiderstände.
a) Durch Wahl anderer Legierungsmöglichkeiten (z.B. Au Sn oder Ag Sn), durch Verbesserung des Legierungszyklus und der Reinigung vor der Bedampfung (z.B. Argonätzung) sollte eine Verkleinerung der Kontaktwiderstände möglich sein.
b) Die Serienwiderstände können insgesamt vermindert werden, wenn man dickere und höher dotierte Epitaxieschichten verwendet und unmittelbar unter dem Gatestreifen den Kanal dünner ätzt. Diese Methode (z.B. durch Argonätzung) dürfte jedoch gerade bei sehr schmalen Gatestreifen nicht einfach sein.

3. Microstrip-Streifenleitungen auf hochohmigen Halbleitersubstraten (47)

3.1 Elektrische Eigenschaften

Bei monolithischen Schaltungen ist das Halbleitersubstrat Träger der Microstripleitungen. Ein Querschnitt der Microstripleitung ist in Abb. 20 gezeigt. Bei Verwendung eines homogenen Halbleitermaterials als Substrat muß neben der Dielektrizitätskonstanten noch die Leitfähigkeit des Halbleitermaterials berücksichtigt werden. Das Halbleitersubstrat wird durch eine komplexe Dielektrizitätskonstante

$$\underline{\epsilon}_r = \epsilon_r - j\epsilon_r (\tan \delta + \frac{\sigma}{\omega \epsilon_o \epsilon_r}) \qquad (6)$$

beschrieben.

Ist im Halbleiter der Verschiebungsstrom wesentlich größer als der Leitungsstrom ($\frac{\sigma}{\omega \epsilon_o \epsilon_r} \ll 1$), so kann man das Halbleitersubstrat als verlustbehaftetes Dielektrikum betrachten. In diesem Fall des hochohmigen Halbleitersubstrats kann man demnach die Lösung anwenden, die man für die Microstripleitungen auf verlustlosem Dielektrikum gefunden hat. Diese Lösungen wurden bisher fast ausschließlich mittels quasistatischer Methoden gewonnen, z.B. (37), (38), (39). Für nicht allzu hohe Frequenzen ist diese Quasi-TEM-Beschreibung eine sehr gute Näherung, obgleich der niedrigste ausbreitungsfähige Wellentyp der Microstripleitung infolge des inhomogenen Dielektrikums Längskomponenten des E- und H-Feldes besitzen muß. Die Microstrip-Leitung auf hochohmigem Halbleitermaterial ist also (bei niedrigen Frequenzen) durch frequenzunabhängige Größen Wellenwiderstand und Verkürzungsfaktor und durch die Leitungsdämpfung beschreibbar.

In Tab. 1 sind Materialdaten für die Halbleitermaterialien GaAs (40), (41) und Si angegeben. Gleichfalls sind die isolierenden einkristallinen Substratmaterialien Spinell, Berylliumoxid und Saphir aufgeführt, bei denen man durch Heteroepitaxie auch geeignete dünne Halbleiterschichten für aktive Elemente aufbringen kann, z. B. Silizium auf Spinell (42) und GaAs auf Saphir (43), (44). Hier ist die Technologie jedoch gegenüber der Homoepitaxie GaAs auf halbisolierendem GaAs-Substrat wesentlich schwieriger. Zum Vergleich sind schließlich noch die Daten des gebräuchlichsten Substratmaterials für integrierte Mikrowellenschaltungen angegeben.

Tab. 1: Eigenschaften von Substratmaterialien

	ε_r (10 GHz)	$\tan\delta$ (10 GHz)	Wärmeleitfähigkeit $\frac{W}{cm \cdot °C}$	Ausdehnungskoeffizient $\alpha \cdot 10^6 / °C$ (25 - 300 °C)
GaAs semiisolierend	13,0	$2 \cdot 10^{-3}$	0,3	5,7
Si > 1000 Ωcm	11,7	$4 \cdot 10^{-3}$	1,0	4,2
Saphir	9,4 - 11,5	$1 \cdot 10^{-4}$	0,4	5,0 - 6,6
Spinell	8 (1 MHz)	$1 \cdot 10^{-4}$ (1 MHz)	0,2	7,6
BeO 99,5 %	6,4	$3 \cdot 10^{-4}$	2,5	6,0
Al_2O_3 99,5 %	9,7 - 10,3	$3 \cdot 10^{-4}$	0,4	6,0

Wellenwiderstand und Verkürzungsfaktor der Microstrip-Leitungen auf hochohmigem Halbleitersubstrat werden aus den Gleichungen von Wheeler (37) berechnet. Man kann auch die guten Näherungen für die Wheeler-Gleichungen von Sobol (45) benutzen. In Abb. 20 und 21 sind die theoretisch und meßtechnisch ermittelten Größen Wellenwiderstand und Verkürzungsfaktor für GaAs- und Si-Substrat über dem Verhältnis Leiterbreite zu Substratdicke aufgetragen. Die Leitungen wurden auf semiisolierenden GaAs-Substraten ($\varrho > 10^6 \Omega$cm) und auf Siliziumsubstraten mit spezifischen Widerständen von 1000 Ωcm und größer gefertigt. Die Substratdicke betrug etwa 500 /um, die Leitungslänge 20 bis 30 mm.

Zur Messung wurden die Leitungen über Miniatur-Koaxialstecker an das Meßsystem angeschlossen. Der Wellenwiderstand wurde mit der Zeitbereichs-Reflektometrie gemessen, und zwar mit Impulsen, deren Frequenzspektrum innerhalb des dispersionsfreien Frequenzbandes der Leitungen liegt. Der Verkürzungsfaktor wird an Ringresonatoren und an geraden, leerlaufenden Resonatoren bei verschiedenen Leitungslängen gemessen. Die Abweichungen zwischen Theorie und Messungen (für f < 3 GHz) liegen innerhalb der Meßfehler von ca. 2 %. Microstripleitungen auf hochohmigen Halbleitersubstraten wurden von einigen Autoren (60), (61), (58) untersucht. Ein Vergleich zwischen Messungen und Theorie (37) wurde von Emery u. a. (61) durchgeführt. Die Ergebnisse sind jedoch nur unter Vorbehalt zu akzeptieren.

Die Dämpfung der Microstrip-Leitung auf hochohmigem Halbleitersubstrat ist näherungsweise gleich der Summe aus Dämpfung durch Leiterverluste, durch Ableitungsverluste, verursacht durch endliche Leitfähigkeit des Substrats, und durch Polarisationsverluste. Da die Wellentypen der Microstrip-

Leitungen nicht bekannt sind, ist eine theoretische Behandlung nur unter stark einschränkenden Annahmen möglich. Eine brauchbare Beschreibung geben Pucel u. a. an (46). Deren Gleichungen lassen sich im praktisch interessanten Bereich durch einfache Ausdrücke annähern (47).

In Abb. 22 ist die Dämpfung pro Wellenlänge für GaAs- und Si-Substrate verschiedener Dicke und Leitfähigkeit über der Frequenz aufgetragen. Die Leitungsverluste pro Leitungslänge sind proportional zur Wurzel der Frequenz und näherungsweise umgekehrt proportional zur Substratdicke, die Polarisationsverluste proportional zur Frequenz und die Ableitungsverluste frequenzunabhängig. Die Leitungen auf Si-Substrat haben bis zur Frequenz oberhalb 10 GHz einen hohen Anteil an Ableitungsverlusten, während die Verluste bei halbisolierendem GaAs-Material vernachlässigbar sind. Zum Vergleich ist die Dämpfung einer Leitung auf Al_2O_3-Substrat eingetragen, deren Polarisationsverluste um eine Zehnerpotenz kleiner sind als bei GaAs-Substrat. In Abb. 22 sind noch einige Meßwerte eingetragen. Die gemessenen Werte sind, übereinstimmend mit der Literatur, z.B. (46), bis zu 30 % höher als die gerechneten Werte.

Zu beachten ist, daß bei Halbleitersubstraten die Leitfähigkeit des Substrats durch Temperaturänderung oder Lichteinstrahlung erhöhbar ist und damit eine höhere Dämpfung auftritt. Bedingt durch die temperaturabhängige Eigenleitungskonzentration steigt die Dämpfung der Microstrip-Leitungen auf Siliziumsubstrat mit $\varrho = 1000 \Omega cm$ oberhalb etwa 110°C steil an, während Leitungen auf halbisolierendem GaAs-Substrat bis ca. 170°C unterhalb der Dämpfungswerte des Siliziumsubstrats bei 25°C liegen. Bei Temperaturen unterhalb 0°C tritt eine Dämpfungserhöhung infolge der Zunahme der Beweglichkeit auf (60).

Wie Messungen (48), (49), (50), (52) und numerische Berechnungen (51), (52), (53), (54), (55), (56), (57) zeigen, werden Verkürzungsfaktor und auch Wellenwiderstand der Microstrip-Leitungen bei höheren Frequenzen frequenzabhängig. Die Quasi-TEM-Lösung ist nur bei niedrigen Frequenzen eine gute Näherung. Bei höheren Frequenzen ist die Dispersion zu berücksichtigen. Einige Messungen an Leitungen auf 500 /um dicken Halbleitersubstraten in Abb. 23 zeigen einen Anstieg des Verkürzungsfaktors um etwa 3 % bis 10 GHz. Vergleichbare Werte sind in den oben angegebenen Literaturstellen zu finden. Aus den bisher bekannten Ergebnissen kann man als Grenze für den Einsatz der Dispersion $h/\lambda_m \cong 0,02$ entnehmen. Damit sind Leitungen aus 200 /um dickem Halbleitersubstrat etwa bis 10 GHz dispersionsfrei. Zur Verwendung höherer Wellentypen der Microstrip-Leitungen müssen die Querabmessungen kleiner als $\lambda_m/4$ bleiben (58), (59).

Zusammenfassend kann man sagen, daß die Microstrip-Leitungen auf hochohmigem Halbleitersubstrat in guter Näherung durch die quasistatischen Lösungen beschrieben werden. Bei höheren Frequenzen ist die Dispersion zu berücksichtigen. Zur Erreichung kleiner Leitungsverluste sind große Substratdicken zu wählen. Diese sind aber begrenzt durch das Auftreten der Dispersion oder höherer Wellentypen. Die realisierbaren Wellenwiderstände sind nach unten durch eine maximale Leiterbreite begrenzt, die durch das Auftreten höherer Wellentypen oder eine maximale Schaltungsgröße bedingt ist. Nach oben ist die Begrenzung die kleinste technologisch herstellbare Leiterbreite von ca. 10 /um. Damit ergibt sich ein realisierbarer Bereich von etwa 15 Ω bis 130 Ω (Substratdicke 200-500 /um).

Neben den Leitungen auf hochohmigem Halbleitersubstrat sind auch solche auf niederohmigem Halbleitermaterial, bedeckt mit einer dünnen Oxidschicht, möglich. Bei geeigneten elektrischen und geometrischen Daten haben solche Leitungen gegenüber denen auf hochohmigem Halbleitersubstrat einen wesentlich vergrößerten Verkürzungsfaktor (47 a). Jedoch gilt dies nur bis zu Frequenzen von einigen GHz. Die Leitungsdämpfung ist hoch, und es sind nur kleine Wellenwiderstände realisierbar (47), so daß diese Leitungen nur für Sonderfälle interessant sind.

3.2 Technologie der Microstrip-Leitungen

Zur Herstellung definierter Microstrip-Leitungen müssen die geometrischen Toleranzen der Leitungen klein gehalten werden. Halbleitersubstrate erhält man mit Dickentoleranzen von ca. ± 5 /um über der Scheibe. Die Leiter müssen mit Längen von einigen cm bei Breiten von etwa 10 /um an aufwärts herstellbar sein. Die Leiterdicke muß hierbei groß gegen die Eindringtiefe der Hf-Ströme sein, um geringe Leiterverluste sicherzustellen.

Beim gewählten Verfahren (s. Abb. 24) wird zuerst die gesamte Oberfläche mit einer dünnen Chrom-Goldschicht bedampft (Chrom als Haftschicht), anschließend 6 /um dicker Fotolack aufgebracht und belichtet. In den Fenstern des Fotolacks wird galvanisch Gold bis zur Dicke der Fotolackschicht abgeschieden. Anschließend wird der Fotolack entfernt und die dünne Metallschicht abgeätzt. Die Geometrie der Leiter ist danach allein durch den Fotolack bestimmt. Mit diesem Verfahren konnten bis zu 10 /um breite Leiter mit 5 /um Dicke und Toleranzen der Leiterbreite von 2 /um hergestellt werden. In Abb. 25 ist eine Leiterkante gezeigt.

4. Rechnergestütztes Entwurfsverfahren (47)

4.1 Theorien des Kettenverstärkers

In der klassischen Theorie des Kettenverstärkers werden nur ideale aktive Elemente betrachtet, beschrieben durch die frequenzunabhängigen Größen Steilheit und Ein- und Ausgangskapazitäten. Hierbei werden die konzentrierten Filterketten mit der Wellengrößentheorie behandelt, und deren Anpassung (Grund-Halbglieder, ebnende Halbglieder und überbrückte T-Glieder) wird untersucht (2), (62) bis (70). Es wird versucht, den bei höheren Frequenzen starken Einfluß der Röhren-Verlustwiderstände zu erfassen (62), (67), (68), und es werden Vorschläge gemacht, um einen flachen Frequenzverlauf durch unterschiedliche Phasengeschwindigkeiten in der Ausgangs- und Eingangslaufzeitkette zu erhalten. Dies ist durch unterschiedliche Grenzfrequenzen beider Ketten möglich (64), (68) oder durch Einfügen zusätzlicher Filterglieder in eine Laufzeitkette (70).

Bei sehr breitbandigen Verstärkern ist die Rückwirkung der aktiven Elemente nicht mehr vernachlässigbar. Sie führt zu einer Begrenzung der Bandbreite oder zur Instabilität des Kettenverstärkers. Diese Rückwirkung erschwert erheblich die Analyse des Kettenverstärkers. Auch die Wellengrößentheorie gibt keine gute Näherung, da Reflexionen an den Klemmen und auch an den inneren Knoten einen wesentlichen Einfluß auf den Übertragungsfaktor bekommen. Gleichzeitig muß die Belastung der Laufzeitglieder durch die Wirkkomponenten der Impedanzen der aktiven Elemente berücksichtigt werden. Sie führt zu periodischen Schwankungen des Übertragungsfaktors. Eine analytische Behandlung des Kettenverstärkers in geschlossener Form ist dann nicht mehr möglich.

Syntheseverfahren auf der Grundlage der Betriebsgrößentheorie wurden nur für einfache Schaltungen mit wenigen Stufen und idealen aktiven Elementen näherungsweise durchgeführt. Die Gesamtübertragungsfunktion des Kettenverstärkers ergibt sich aus der Überlagerung einer großen Zahl von Übertragungswegen. Dies verhindert die Zuordnung der Nullstellen der Übertragungsfunktion zu Null- oder Polstellen von Netzwerkelementen und erschwert damit erheblich die Synthese des Kettenverstärkers. Weiterhin sind die Freiheitsgrade in der Übertragungsfunktion größer als die abstimmbaren Elemente in der Schaltung, so daß eine exakte Realisierung nur in einfachsten Fällen möglich ist (71). Mit iterativen Methoden ist es dabei möglich, die Nullstellen in z.B. den Tschebyscheff-Verlauf einzubeziehen, d.h. Pole und Nullstellen so anzuordnen, daß trotz der Nullstellen eine konstante Schwankung des Übertragungsfaktors erhalten bleibt (71), (72), (73). Die Ergebnisse sind aber stark von der Anfangswahl, wegen der mathematischen Überbestimmtheit, abhängig. Andere Lösungsverfahren (74), (75) führen nur in einfachsten Fällen mit großem numerischen Aufwand zu Ergebnissen. Der praktische Entwurf eines Kettenverstärkers ist mit diesem Verfahren nicht möglich.

Weiterhin wurden homogene Kettenverstärker, bestehend aus parallelen Leitungen mit verteilter aktiver und kapazitiver Kopplung, betrachtet (1), (76), (77). Tritt neben der aktiven und kapazitiven Kopplung noch eine induktive Kopplung auf, so erhält man einen Wanderwellen-Verstärker (78). Es gibt neuere Vorschläge, homogene Kettenverstärker durch Verlängerung der Elektroden eines Feldeffekt-Transistors aufzubauen (79), (80), (81).

In jüngerer Zeit wurden Untersuchungen über Kettenverstärker mit Feldeffekt-Transistoren veröffentlicht. Koffler (6) führt eine Analyse eines 2-, 3- und 4-stufigen Kettenverstärkers mit vollständiger Beschreibung der aktiven Elemente durch y-Parameter mit Hilfe der Signalflußdiagramme durch. Er setzt dabei aber ideale Laufzeitglieder entsprechend der Wellengrößentheorie voraus. Die Lösungen sind so kompliziert, daß sie nur numerisch auswertbar sind.

Um eine einfachere und übersichtlichere Beschreibung zu erhalten, betrachtet Jutzi (82) den Grenzfall, daß die Transistoren homogen verteilt sind, also ein Leitungssystem mit homogener aktiver und kapazitiver Kopplung. Dies führt zu einer schnellen und langsamen Welle in der Ein- und Ausgangsleitung, wobei die langsame Welle entdämpft ist, d.h. die Verstärkung steigt (bei hohen Frequenzen) exponentiell mit der Koppellänge (entsprechend der Zahl der Transistoren) an. Beide Wellen haben unterschiedliche Wellenwiderstände und Ausbreitungsmaße. Eine vollständige Anpassung an den Verstärkerklemmen ist damit nicht möglich. Bei rein ohmschen Abschlußwiderständen verursachen reflektierte Wellen eine mit der Koppellänge zunehmende Welligkeit des Frequenzgangs der Verstärkung.

Im allgemeinen Fall sind die erhaltenen Ausdrücke wieder sehr kompliziert und unübersichtlich. Jutzi nähert den betrachteten Grenzfall durch eine Anzahl dicht gesetzter Transistoren an (83), (84).

Diese Untersuchungen zeigen die wesentliche Funktionsweise und Einflußgrößen des Kettenverstärkers, aber ein praktischer Entwurf eines Kettenverstärkers mit vorgeschriebenen Eigenschaften, unter Berücksichtigung aller wesentlichen Effekte, ist damit nur näherungsweise möglich. Deshalb wird in dieser Arbeit ein rechnergestützter Entwurf des Kettenverstärkers durchgeführt. Es wurde ein Rechenprogramm geschrieben, mit dem eine genaue Analyse des Kettenverstärkers im Frequenzbereich durchgeführt wird. Die verwendeten MeSFETs werden durch gemessene S-Parameter beschrieben. Um einen flachen Frequenzverlauf und möglichst hohe Verstärkung und Bandbreite zu erhalten, wurde ein Optimierungsprogramm mit dem Analyseprogramm gekoppelt. Das Verfahren wird im nächsten Abschnitt eingehend beschrieben.

4.2 Analyse- und Optimierungsprogramm

Der grundsätzliche Aufbau eines Kettenverstärkers nach Abb. 1 besteht aus zwei Laufzeitketten, die an diskreten Stellen durch aktive Elemente gekoppelt sind. In Abb. 26 ist ein Kettenverstärker mit 4 Transistoren in Microstrip-Technik gezeigt. Die Laufzeitketten, welche Filterstrukturen sind, können in konzentrierter Form (bestehend aus Grund- und ebnenden Halbgliedern) oder als Leitungsschaltung ausgeführt werden. Alle diese Ausführungsformen sind durch Aufteilung der Laufzeitketten in die Kettenschaltung der "Black Boxen" A (Abb. 1) beschreibbar, wobei diese entweder ein Stück homogene Leitung oder konzentrierte Blindelemente in T-Form enthalten. Die homogene Leitung wird hier als Microstrip-Leitung gemäß Abschnitt 3 durch Wellenwiderstand, Verkürzungsfaktor, Dämpfung und Leitungslänge beschrieben. Die "Black Boxen" A selbst können aus mehreren "Black Boxen" D bestehen und z.B. gemäß Abb. 27 strukturiert sein. Die Zweitore, die die Laufzeitketten miteinander koppeln, enthalten als aktive Elemente die Transistoren B und vor- und nachgeschaltete Filterstrukturen A, die gemäß Abb. 27 strukturiert sind.

Jede einzelne Box D wird durch ihre Kettenmatrix beschrieben. Durch Matrizenmultiplikation wird sodann die Gesamtmatrix der Boxen A berechnet. Dies Verfahren ist auch anwendbar auf die Parallelverzweigung in Abb. 27. Dazu wird zuerst der Eingangsleitwert der Abzweigungskette aus der Gesamtmatrix dieser Kette berechnet und als ein Kettenglied der Hauptkette aufgefaßt. Gleichfalls wird die Gesamtmatrix der Kettenschaltung vom Transistor und vor- und nachgeschalteten Filterstrukturen bestimmt. Der Transistor wird durch gemessene S-Parameter beschrieben, die in die Kettenkoeffizienten der Strom-Spannungsdarstellung umgerechnet werden. Damit werden die Viertor-Matrizen der in Abb. 1 gestrichelt angegebenen Viertore gewonnen, so daß die Viertor-Matrix des gesamten Kettenverstärkers wieder durch Matrizenmultiplikation bestimmt werden kann. Aus dieser Gesamtmatrix lassen sich die Betriebsübertragungsfaktoren und Reflexionsfaktoren des Kettenverstärkers berechnen.

Da alle zugelassenen Elemente einschließlich des Transistors reine Dreitore sind, ist sichergestellt, daß die Torbedingungen (an jedem inneren Tor muß hineinfließender Strom gleich hinausfließender Strom sein) in keinem Fall verletzt werden. Dieses Analyseverfahren bei dem neben der Berechnung der Einzelmatrizen nur Matrizenmultiplikationen ausgeführt werden, ist rechenzeitmäßig wesentlich günstiger als die Admittanz-Matrix-Verfahren, bei denen Matrizeninversionen durchgeführt werden müssen. Die Rechenzeit ist ein wesentlicher Gesichtspunkt, da das Analysenprogramm mit einem Optimierungsprogramm gekoppelt werden soll, so daß bei einem Run die Analyse viele hundertmal durchgeführt werden muß.

Die Schaltungsstruktur des Kettenverstärkers wird dem Rechner durch Kenngrößen mitgeteilt. Die Viertore, die Zweitore A und B werden fortlaufend numeriert. Die Zuordnung der Zweitore A und B zu den Viertoren und deren Lage in den Viertoren wird durch Kenngrößen festgelegt. Auf gleiche Weise werden die Unterstrukturen nach Abb. 27 charakterisiert: Kenngrößen legen fest, ob die jeweilige Box ein Element der Hauptkette oder einer Abzweigkette ist. Bei Leitungsschaltungen müssen die auftretenden Diskontinuitäten berücksichtigt werden. In Abb. 28 ist eine Tiefpaß-Filter-Struktur in Microstrip-Technik gezeigt. Die an den Sprungstellen der Leiterbreite und an offenen Leitungsenden auftretenden Störungen können in erster Näherung durch frequenzunabhängige Querkapazitäten C_{Streu} beschrieben werden, die näherungsweise aus der Differenz zwischen Gesamtkapazitätsbelag einer breiten Microstrip-Leitung, nach der Theorie von Wheeler (3) berechenbar, und dem Parallelplattenkapazitätsbelag bestimmt werden können zu

$$C_{Streu} = \frac{1}{2} \left\{ \frac{1}{Z_{o1} v_{ph1}} - \epsilon_o \epsilon_r \frac{w_1}{h} \right\} \cdot (w_1 - w_2), \qquad (7)$$

mit Index 1 für die breitere Leitung. Die T-Verzweigungen werden als ideal angenommen.

Bei diesem Analyseverfahren wurden keinerlei Vernachlässigungen getroffen. Voraussetzungen sind, daß keine kapazitive und induktive Kopplung zwischen den Laufzeitgliedern auftritt und keine höheren Wellentypen ausbreitungsfähig werden. Die Kopplung zwischen parallelen Leitungen kann praktisch immer vernachlässigbar klein gemacht werden, indem das Verhältnis Leiterabstand s zu Substratdicke h ausreichend groß gewählt wird ($s/h \geqslant 5$ (35), (36)). Das Auftreten höherer Wellentypen und auch der Dispersion der Microstrip-Leitung wird durch Verwendung ausreichend kleiner Substratdicken verhindert (s. Abschnitt 3.1). Die Dispersion der Leitung kann in einfacher Weise durch eine lineare Näherung der Ergebnisse z.B. von Denlinger (57) berücksichtigt werden. Die Microstrip-Leitung wird durch die verwendete Theorie (Abschnitt 3.) gut beschrieben. Der Vergleich zwischen Messungen und Rechnungen bei Tiefpaßfiltern in Microstrip-Technik zeigt eine gute Übereinstimmung im gemessenen Frequenzbereich bis 12 GHz (47). Die Transistoren werden durch gemessene S-Parameter beschrieben (Abschnitt 2.3), d.h. es wird Kleinsignalbetrieb vorausgesetzt. Durch Eichmessungen wurden die Fehler des Meßsystems und der Testfassung korrigiert. Damit ist eine gute Simulation des Kettenverstärkers zu erwarten.

Beim Schaltungsentwurf ist eine gewünschte Eigenschaft des Systems vorgegeben z.B. der Frequenzverlauf des Übertragungsfaktors. Mit einer geeigneten speziellen Schaltung und näherungsweise bestimmten Werten der Schaltungselemente wird bei der rechnergestützten Optimierung durch Änderung der Werte der Schaltungselemente versucht, den geforderten Frequenzverlauf möglichst gut anzunähern. Dazu muß ein geeignetes Kriterium zur Beurteilung der Güte der Schaltung formuliert werden. Dies kann durch Bildung einer Fehlerfunktion geschehen, die ein Maß für die Abweichung zwischen dem Ist- und dem geforderten Soll-Frequenzverlauf ist. Damit ist das Optimierungsproblem auf die Suche nach einem Minimum dieser Fehlerfunktion, die eine Funktion vieler Variabler ist, zurückgeführt. Hierzu muß ein geeignetes Optimierungsverfahren gewählt werden.

Die häufig verwendete Fehlerfunktion wird nach Art eines quadratischen Fehlers gebildet. Bei diskreten Frequenzen wird die Differenz zwischen Istwert und Sollwert berechnet, quadriert und über alle Abtastfrequenzen aufsummiert. Die benutzte Fehlerfunktion

$$F = \sum_{i=1}^{k} g_i \left| \frac{I(x, f_i) - (S(f_i) + F_m)}{S(f_i)} \right|^p + \sum_{i=1}^{k} g_i \left| \frac{I(x, f_i) - (S(f_i))}{S(f_i)} \right|^p$$

(8)

$$F_m = \frac{1}{k} \sum_{i=1}^{k} (I(x, f_i) - S(f_i))_j; \quad p = 2, 4, 6 \ldots$$

setzt sich aus zwei Termen zusammen. Im ersten Term wird die relative Abweichung zwischen Istwert und Sollwert plus mittlerem Fehler berechnet, zur Potenz p genommen, mit einem Gewichtungsfaktor g_i multipliziert und über alle Abtastfrequenzen summiert. Dazu wird der gewichtete relative Fehler, zur Potenz p genommen, addiert. Diese Fehlerfunktion hat den Vorteil, daß bei der Optimierung zuerst der mittlere Fehler reduziert wird und erst dann die einzelnen Abweichungen zwischen Ist- und Sollwerten plus mittlerem Fehler. Es sind somit auch Lösungen möglich, bei denen der mittlere Fehler zwar groß ist, aber die Abweichungen zwischen Istwert und Sollwert plus mittlerem Fehler klein. Dies ist wichtig bei der Optimierung, da man im allgemeinen nicht vorhersagen kann, welche Sollwerte realisierbar sind. Um bei der Optimierung einer Schaltung nur physikalisch und auch praktisch realisierbare Lösungen zu bekommen, müssen Nebenbedingungen erfüllt werden, z.B. bei einer Tunneldiode (85) die impliziten Stabilitätsbedingungen. In vielen Fällen treten aber nur unabhängige Grenzbedingungen für die Schaltungsparameter auf. Beim Kettenverstärker sind das die oberen und unteren Grenzwerte für Wellenwiderstände und Längen der Leitung. Hier ist es möglich, durch Variation der Variablen

$$y_i = a_i + (b_i - a_i) \cdot \sin^2 x_i \qquad i = 1, 2 \ldots n \qquad (9)$$

diese Grenzbedingungen zu erfüllen (86), ohne daß die Fehlerfunktion geändert wird (x_i, y_i sind die Variablenvektoren, a_i und b_i sind untere und obere Grenzwerte für die Variablen). Das Optimierungsproblem mit Nebenbedingungen wird damit auf ein solches ohne Nebenbedingungen zurückgeführt, für die nach Box (86) viel wirkungsvollere Optimierungsmethoden bekannt sind als für Optimierungsprobleme mit Nebenbedingungen.

Bei der Auswahl des Optimierungsverfahrens war wesentlich, ein Verfahren zu finden, welches ohne Bildung der Ableitungen der Fehlerfunktion nach allen Variablen arbeitet, um die rechenzeitmäßig aufwendige numerische Bildung der Ableitungen bei jeder Unterrechnung der Optimierung zu vermeiden. Gewählt wurde das Optimierungsverfahren von Powell (87), welches bei quadratischen Funktionen mit einer endlichen Zahl von Iterationen das Minimum der Funktion findet. Im Ausgangspunkt wird die Fehlerfunktion berechnet, neue Variablenwerte gewählt und erneut die Fehlerfunktion gebildet. Aus der Änderung der Fehlerfunktion werden nach einem geeigneten Verfahren neue Variablenwerte ermittelt.

Der Gesamtaufbau des Analyse-Optimierungs-Programms ist: Dateneingabe, Variablentransformation und Aufruf des Optimierungsprogramms, welches immer wieder das Analyseprogramm aufruft. Im Analyseteil erfolgt die Rücktransformation der Variablen, die Analyse der Schaltung bei vorgegebenen Frequenzen und die Berechnung der Fehlerfunktion. Nach Abschluß der Optimierung wird eine Analyse der gefundenen Lösung gemacht und die Ergebnisse werden ausgedruckt. Eine eingehende Beschreibung ist in (47), (88) angegeben.

Ein solches Entwurfsverfahren liefert nur eine Lösung für eine spezielle Schaltung, wobei diese Lösung im allgemeinen nicht die optimale Lösung ist, sondern es wird nur ein lokales Minimum der Fehlerfunktion gefunden. Erfüllt diese Lösung nicht die gestellten Forderungen, so muß versucht werden, durch Änderung der Anfangswerte, der Gewichtungsfaktoren, des Exponenten der Fehlerfunktion, durch Wahl anderer Abtastfrequenzen oder durch Wahl einer anderen Schaltung eine bessere Lösung zu erreichen.

4.3. Ergebnisse

Entworfen wurden Kettenverstärker mit der Transistorstruktur nach Abb. 3 mit einer maximalen Schwingfrequenz f_{max} von 7 GHz. Das Ersatzbild des Transistors ist in Abb. 16 gezeigt. In Abb. 17 sind die y-Parameter des Transistors aufgetragen. Die Imaginärteile von y_{11} und y_{22} nehmen etwa proportional mit der Frequenz zu, d.h. die Imaginärteile der Ein- und Ausgangsimpedanzen des Transistors sind durch frequenzunabhängige Kapazitäten beschreibbar. Der Realteil von y_{11} wächst aber mit dem Quadrat der Frequenz und damit steigt auch entsprechend die Bedämpfung der Eingangslaufzeitkette mit der Frequenz. Der Realteil von y_{22} ist etwa konstant bis zur Grenzfrequenz. Der Realteil von y_{21} ist etwa konstant bis f_{max}, während der Imaginärteil proportional mit der Frequenz steigt. Die Rückwirkung y_{12} ist durch eine Kapazität und einen quadratisch mit der Frequenz wachsenden Realteil beschreibbar (33). Die Steilheit des Transistors beträgt 7,1 mS. Das Verstärkungs-Bandbreite-Produkt wird nach Gl. (1) mit

$$C = \frac{1}{\omega} [\,\text{Im}\,\{y_{11}\} + \text{Im}\,\{y_{22}\} - 2\text{Im}\,\{y_{12}\}\,] \qquad (10)$$

zu 2,5 GHz berechnet.

Entworfen wurden Kettenverstärker in Microstrip-Technik auf 500 /um dickem halbisolierendem GaAs-Substrat mit der Struktur nach Abb. 26. Die Laufzeitglieder sind näherungsweise als Leitungsnachbildung konzentrierter LC-Tiefpaßfilter auffaßbar. Ein gegenüber der Wellenlänge kurzes Leitungsstück mit hohem Wellenwiderstand (kleine Leiterbreite) ist näherungsweise als Längsinduktivität und ein solches mit niedrigem Wellenwiderstand (breite Leiter) als Querkapazität beschreibbar. Die Transistoren werden über kurze Stichleitungen angeschlossen, um einen ausreichend großen Abstand zwischen beiden Laufzeitketten zu erhalten und damit Kopplungen zu vermeiden. Die Abschlußwiderstände an allen Toren des Kettenverstärkers werden zu 50Ω gewählt, da in sehr breitbandigen Systemen mit dem 50Ω-System gearbeitet wird. Es sind auch keine wesentlich anderen Wellenwiderstände in der Microstrip-Technik realisierbar. Dies hat den Nachteil, daß die Spannungs-Verstärkung des einzelnen Transistors mit der kleinen Steilheit von 7,1 mS bei der Ausgangsimpedanz von 25Ω nur 0,18 (bei niedrigen Frequenzen) beträgt. Es sind also schon 6 Transistoren erforderlich, um eine Spannungs-Verstärkung größer als 1 zu erreichen.

Zur Erreichung einer bestimmten Verstärkung ist es beim idealen Kettenverstärker optimal (bezüglich der Zahl der aktiven Elemente), einzelne Kettenverstärker mit der Verstärkung 2,7 zu bauen und diese in Kaskade zu schalten (2). Bei Berücksichtigung der Verluste und der Belastung der Eingangslaufzeitkette liegt dieser optimale Wert der Verstärkung sicher niedriger, so daß Kettenverstärker mit der Spannungs-Verstärkung von etwa 2 sinnvoll sind. Mit 12 Transistoren sollte dies erreicht werden.

Ausgangswerte für den rechnergestützten Entwurf werden mit Hilfe der klassischen Kettenverstärker-Theorie durch näherungsweisen Entwurf der Laufzeitglieder mit Hilfe der konzentrierten Näherung für einen Wellenwiderstand von 50Ω und eine Grenzfrequenz von etwa 2 f_o gewonnen. Dabei werden die Transistor-Ein- und Ausgangskapazitäten sowie die vorgeschalteten Leitungen berücksichtigt.

Durch die Forderung nach flachem Frequenzverlauf tritt eine Kopplung zwischen den Laufzeiten in beiden Laufzeitketten auf, da für eine konstante Verstärkung etwa eine phasenrichtige Überlagerung der von den einzelnen Transistoren angeregten Teilwellen in der Ausgangskette notwendig ist. Eine weitere Zerlegung des Optimierungsproblems in kleinere Teilprobleme ist damit nicht sinnvoll. Wellenwiderstände wurden zwischen 15 und 120 Ω zugelassen. Es wurden zwischen 10 und 15 Abtastfrequenzen gewählt. Als Sollwert wurde die Spannungsverstärkung bei Gleichstrom nach Gl. (2) gefordert.

In Abb. 29 ist das Optimierungsergebnis für einen Kettenverstärker mit 12 Transistoren und der Struktur nach Abb. 1 gezeigt. Erreicht wird eine Betriebsspannungsverstärkung von etwa 2 an 50Ω mit einer 3 dB-Grenzfrequenz von 5,4 GHz, d.h. man erreicht etwa den doppelten Wert des Verstärkungs-Bandbreite-Produkts des Einzeltransistors. Die Abbildung zeigt den typischen Frequenzverlauf aller erzielten Lösungen. Bei niedrigen Frequenzen fällt die Verstärkung etwas ab. Nach den Untersuchungen von Jutzi (82) ist der Einfluß der Verluste bei niedrigen Frequenzen groß, da die Entdämpfung der langsamen Welle mit fallender Frequenz abnimmt. Bei hohen Frequenzen ist ein Verstärkungsabfall u.a. infolge der quadratisch mit der

Frequenz ansteigenden Bedämpfung der Eingangskette zu erwarten. Nahe der Grenzfrequenz tritt nochmals ein kleiner Verstärkungsanstieg auf durch Ausnutzung der Transistor-Rückwirkung und durch den Anstieg der Impedanzen in der Ausgangslaufzeitkette bei deren Grenzfrequenz, die sich kleiner als die Grenzfrequenz des Verstärkers ergibt. Die Laufzeit in der Ausgangskette ergibt sich um einige Prozent höher als die der Eingangskette. Dies entspricht den angeführten Vorschlägen der klassischen Theorie, einen flacheren Frequenzverlauf zu erzielen. Die Reflexionsfaktoren an den Toren erreichen bei einzelnen Frequenzen Werte über 20 %. Nach Jutzi (82) ist auch eine gute Anpassung an 50 Ω nicht zu erwarten, da schnelle und langsame Welle in den Laufzeitketten unterschiedliche Impedanzen haben. Kleinere Schwankungen der Spannungsverstärkung mit der Frequenz sind nur unter Einbuße an Bandbreite erreichbar.

Jutzi (83) hat mit einem Silizium-MeSFET mit vergleichbaren elektrischen Eigenschaften (f_{max} = 6 GHz, f_o = 2,5 GHz, S = 10 mS) einen Kettenverstärker nach dem geschilderten Verfahren (82) entworfen. Mit 20 Transistoren erhält eine Verstärkung von 2 mit einer 3 dB-Grenzfrequenz von ca. 2 GHz. Der Vergleich zeigt, daß mit Hilfe des hier verwendeten Entwurfsverfahrens mit weniger Transistoren eine wesentlich bessere Lösung erreicht wurde.

Abb. 30 zeigt das Optimierungsergebnis eines Kettenverstärkers mit 12 Transistoren mit einer vereinfachten Struktur. Die Laufzeitketten werden durch Leitungen mit konstantem Wellenwiderstand gebildet. Zusätzliche Querkapazitäten an den Transistoren werden durch die Stichleitungen zu den Transistoren gebildet. Gegenüberliegende Leitungslängen in der Ein- und Ausgangskette und auch der Stichleitungen werden gleichgesetzt. Damit ergibt sich eine geometrisch einfachere Struktur. Man erhält eine etwas kleinere Verstärkung von ca. 1,8 und eine etwas größere Grenzfrequenz gegenüber dem ersten Beispiel.

Schaltet man zwei identische Kettenverstärker der letzteren Struktur mit je 12 Transistoren in Kaskade, so erhält man nach erneuter Optimierung der Gesamt-Verstärkung den in Abb. 31 gezeigten Verstärkungsverlauf mit einer Verstärkung von etwa 3,2 und einer Grenzfrequenz von 5,5 GHz. Die direkte Zusammenschaltung der einzeln optimierten Stufen führt infolge der Verstärkungsschwankungen und der Fehlanpassung zu zu großen Verstärkungswelligkeiten.

Kettenverstärker mit sehr viel aktiven Elementen werden leicht bei einzelnen Frequenzen instabil. Erst nach einer Reihe von Versuchen gelang es, einen stabilen Kettenverstärker mit 64 Transistoren, zusammengesetzt aus gleichen Teilstücken mit je 4 Transistoren, zu erhalten (Abb. 32). Bei hohen Frequenzen ist eine starke periodische Schwankung der Verstärkung zu beobachten. Die Grenzfrequenz ist gegenüber dem 12 stufigen Kettenverstärker wesentlich reduziert. Die Spannungsverstärkung liegt bei 5, während für Gleichspannung ein Wert von 11 berechnet wird. Hier zeigt sich deutlich der Einfluß der Bedämpfung der Eingangskette.

Der Verwendung von MeSFETs in Kettenverstärkern bringt größere Bandbreiten als bei Kaskadenverstärkern. Die Spannungsverstärkung ist aber klein. Kettenverstärker haben den Vorteil einer sehr einfachen Struktur (bei hohen Frequenzen wesentliche Voraussetzung für eine gute Realisierung), eine konstante Verstärkung von Gleichstrom bis zur Grenzfrequenz und eine problemlose Gleichstromversorgung. Durch Verwendung von Transistoren mit höheren Grenzfrequenzen lassen sich entsprechend größere Bandbreiten erreichen. Jutzi (84) hat mit GaAs-MeSFETs mit f_{max} = 30 GHz einen noch nicht optimierten Kettenverstärker mit 15 Transistoren entworfen, der eine Verstärkung von 2,5 und eine Grenzfrequenz von 8 GHz besitzt. Kettenverstärker sind auch als Mikrowellen-Entzerrer verwendbar (84).

Da bei dem behandelten Analyseverfahren keinerlei Vernachlässigung gemacht wird, ist zu erwarten, daß bei einem praktischen Aufbau die berechneten Daten erreicht werden. Ein Kettenverstärker mit 12 Transistoren auf GaAs-Substrat nimmt eine Fläche von ca. 55 mm x 6 mm ein. GaAs-Substrate dieser Größe sind herstellbar. Für den monolithischen Aufbau des Kettenverstärkers ist geplant, in der Mitte des Substrats eine Reihe sehr dicht gesetzter Transistoren zu fertigen, von denen mittels Gleichstrommessungen geeignete Transistoren ausgesucht und zum Aufbau des Kettenverstärkers benutzt werden. Der Masseanschluß der Transistoren wird dann über kleine durchmetallisierte Löcher im Substrat, nahe dem jeweiligen Transistor, vorgenommen.

5. Zusammenfassung

In dieser Arbeit werden Untersuchungen über Kettenverstärker mit Feldeffekt-Transistoren hoher Grenzfrequenzen und in integrierter Form durchgeführt. Die technologischen Herstellungsprozesse von GaAs-Schottkygate-Feldeffekt-Transistoren mit Streifenleitungsanschlüssen und deren elektrische Eigenschaften werden angegeben. Erreicht wurden mit einem 2 /um breiten Kanal maximale Schwingfrequenzen von 11 GHz. Die Eigenschaften von unsymmetrischen Streifenleitungen auf Halbleitersubstraten werden theoretisch und meßtechnisch untersucht. Die Technologie solcher Leitungen wird beschrieben. Dann wird ein rechnergestütztes Analyse- und Optimierungsverfahren für Kettenverstärker angegeben. Kettenverstärker mit 12 Transistoren, die eine maximale Schwingfrequenz von 7 GHz und ein Verstärkungs-Bandbreite-Produkt von 2,5 GHz haben, erreichen eine Betriebsspannungs-Verstärkung um 2 an 50 Ω und eine Grenzfrequenz von 5,4 GHz. Durch Kaskadenschaltung solcher Kettenverstärkerstufen lassen sich höhere Verstärkungen erzielen.

Frau V. Schmitz wird für die sorgfältige Unterstützung bei den technologischen Arbeiten gedankt, ebenso Herrn Dipl.-Ing. Jahncke für die Durchführung der Hf-Messungen an den Transistoren. Die numerischen Rechnungen wurden am Rechenzentrum der Rhein.-Westf. Technischen Hochschule Aachen durchgeführt.

Literaturverzeichnis

(1) Percival, W.S., Thermionic valve circuits. British Patent No. 460, 562 (Filed July 24, 1935, Granted January 25, 1937).
(2) Ginzton, E.L., W.R. Hewlett, J.H. Jasberg und J.D. Noe, Distributed amplification. Proc. IRE, 36 (1948), S. 956-969.
(3) Wheeler, H.A., Wideband amplifiers for television. Proc. IRE, 27 (1939), S. 429-438.
(4) Hansen, W.W., On maximum gain-band width product in amplifiers. J. Applied Physics, 16 (1945), S. 528.
(5) Lewis, I.A.D. und F.H. Wells, Millimicrosecond pulse techniques. Pergamon Press, N.Y., 1959.
(6) Koffler, H., Ist das Kettenverstärkerprinzip auf Transistoren anwendbar? Dissertation, TH München, 1967.
(7) Martensson, I., Über Transistoren in Kettenverstärkerschaltungen. Institutsarbeit am Institut für Halbleitertechnik, TH Aachen, 1958.
(8) Hopkins, J.B. und A.A. Pandiscio, Transmission line distributed amplifiers utilizing field-effect transistors. Technical Report No. 534, Havard University, Cambridge, Massachusetts, 1967.
(9) Daly, D.A., S.P. Knight, M. Caulton und R. Ekholt, Lumped elements in microwave integrated circuits. IEEE Trans., MTT-15 (1967), S. 713-721.
(10) Viktora, B., Über die zeitliche Stabilität von getempertem, reinem Silizium. Solid-State Electronics, 12 (1969), S. 349-362.
(11) Naumann, J., Technologie von GaAs-Schottkygate-Feldeffekttransistoren für monolithische Mikrowellenschaltungen. Dissertation, TH Aachen, 1971.
(12) Mead, C.A., Schottky barrier gate FET, Proc. IEEE, 54 (1966), S. 307-308.
(13) Shockley, W., The theory of pn-junctions in semiconductors and pn-junctions transistors. Bell Syst. Techn. J., 28 (1949), S. 441.
(14) Lehovec, K. und R. Zuleeg, Voltage-current characteristics of GaAs J-FET's in the hot electron range. Solid-State Electronics, 13 (1970), S. 1415.
(14a) Beneking, H., E. Fröschle und H. Schinke, Silizium p-Kanal MOSFET's mit 1 /um Kanallänge. European Meeting, Semiconductor Device Research, München, März 1969.
(15) Effer, D. und G. Antell, Preparation of InAs, InP, GaAs and GaP by chemical methods. J. Electrochem. Soc., 107 (1960), S. 252.
(16) Hämmerling, H., Untersuchung der Zusammensetzung der Gasphase im Effer-System. Dissertation, TH Aachen, 1971.
(17) Shaw, D.W., Enhanced GaAs etch rates near the edges of a protective mask. J. Electrochem. Soc., 113 (1966), S. 959.
(18) Krongelb, S., Environmental effects on chemically vaporplaced silicon dioxide. Electrochem. Technology, 6 (1968), S. 251.
(19) Jordan, E.L., A diffusion mask for Germanium. J. Electrochem. Soc. 108 (1961), S. 479.
(20) Fröschle, E. und R. Backhus, Der Einfluß von Sauerstoff auf Lichtempfindlichkeit und Bildqualität des Photolacks KTFR. Solid-State Electronics, 14 (1971), S. 95-105.
(21) Middlehoek, S., Metallization processes in fabrication of Schottky-Barrier-FET's IBM J. Res. Develop., 14 (1970), S. 148.
(22) Sommerfeld, A. und H. Bethe, Elektronentheorie der Metalle. Springer-Verlag Berlin, 1967.
(23) Schottky, W., Zur Halbleitertheorie der Sperrschicht- und Spitzengleichrichter. Z. f. Physik, Berlin, (1939), S. 367.
(24) Engemann, J. und J. Naumann, Temperaturverhalten von Gold-n-GaAs Schottkykontakten. Solid-State Electronics, to be published.

(25) Chang, C.Y. und S.M. Sze, Carrier transport across metal-semiconductor barriers. Solid-State Electronics, 13 (1970), S. 727.
(26) Ohura, J. und Y. Takeishi, Electrical properties of metal-GaAs Schottky barrier contacts. Jap. J. Appl. Phys., 9 (1970), S. 458.
(27) Moroney, W.J. und Y. Anand, Low barrier height Gallium-Arsenide microwave Schottky diodes, using Gold-Germanium alloy. 3. Symp. on GaAs, Aachen (1970), Paper 31.
(28) Dettner, Elze, Handbuch der Galvanotechnik, Carl Hanser Verlag, München, Bd. I u. II, 1963.
(29) Stroud, P.T., Cathodic etching in a penning cold cathode discharge, Int. J. Vacuum Science, 9 (1959), S. 269.
(30) Wolf, P., Microwave properties of Schottky-Barrier Field-Effect Transistors. IBM J. Res. Develop., 14 (1970) S. 125.
(31) Rollett, J.M., Stability and power-gain invariants of linear twoports. IRE Trans., CT-9 (1962), S. 29.
(32) Beneking, H., J. Jahncke, J. Naumann und H. Storck, GaAs-FET's for integrated microwave circuits. European Semiconductor Device Research Conference, München, 1971.
(33) Wanke, G., S-Parameter. Diplomarbeit, Institut für Halbleitertechnik, TH Aachen, 1971.
(34) Mehal, E.W. und R.W. Wacker, GaAs integrated microwave circuits. IEEE Trans., ED-15 (1968), S. 513-516.
(35) Bryant, T.G. und J.A. Weiss, Parameters of microstrip transmission lines and of coupled pairs of microstrip lines. IEEE Trans., MTT-16 (1968), S. 1021.
(36) Judd, S.V., Whiteley, R.J. Clowes und D.C. Richard, An analytical method for calculating microstrip transmission line parameters. IEEE Trans., MTT-18 (1970), S. 78-87.
(37) Wheeler, H.A., Transmission line properties of parallel strips seperated by a dielectric sheet. IEEE Trans., MTT-13 (1965), S. 172-185.
(38) Yamashita, E. und R. Mittra, Variationel method for the analysis of microstrip lines. IEEE., MTT-16 (1968), S. 251-256.
(39) Schneider, M.V., Computation of impedance and attenuation of TEM-lines by finite difference methods. IEEE Trans., MTT-13 (1965), S. 793-800.
(40) Champlin, K.S., R.J. Erlandson, G.H. Glover, P.S. Hauge und T. Lu, Search for resonance behaviour in the microwave dielectric constant of GaAs. Appl. Phys. Letters, 11 (1967), S. 348-349.
(41) Jones, S. und S. Mao, The dielectric constant of GaAs at microwave and millimeter wave frequencies. Appl. Phys. Letters, 11 (1968), S. 351-353.
(42) Zaininger, K.H. und C.C. Wang, MOS and vertical junction devices characteristics of epitaxial silicon on low aluminium rich spinal. Solid-State Electronics, 13 (1970), S. 943-950.
(43) Owens, J.M., Galliumarsenide on saphir gunn effect devices. Proc. IEEE, 58 (1970) S. 930-931.
(44) Manasevit, H.M., Single-crystal galliumarsenide on insulating substrates. Appl. Phys. Letters, 12 (1968), S. 156-159.
(45) Sobol, H., Extending IC technology to microwave equipment. Electronics, 20 (1967), S. 112.
(46) Pucel, R.A., D.J. Massé und C.P. Hartwig, Losses in microstrip, IEEE Trans., MTT-16 (1968), 342-350.
(47) Storck, H., Streifenleitungen auf Halbleitermaterialien, Dissertation, TH Aachen, 1971.
(47a) Hasegawa, H., M. Furukawa und H. Yanai, Properties of microstrip line on $Si-SiO_2$ system, IEEE Trans., MTT-19 (1971), S. 869-881.
(48) Napoli, L.S. und J.J. Hughes, High-frequency behaviour of microstrip transmission lines. RCA Review, 30 (1969), S. 268-275.
(49) Caulton, M., B. Hershonev, S.P. Knight und L.S. Napoli, Measurements on the properties of microwave integrated circuits. IEEE Internatl. Microwave Symp. Digest, 1969, S. 3.
(50) Arnold, S., Dispersive effects in microstrip on alumina substrates. Electronics Letters, 5 (1969), S. 673-674.
(51) Zysman, G.I. und D. Varon, Wave propagation in microstrip transmission lines. IEEE Internatl. Microwave Symp. Digest, 1963.

(52) Grünberger, G. K. , V. Keine und H. H. Meinke, Longitudinal field components and frequency-dependent phase velocity in the microstrip transmission line. Electronics Letters, 6 (1970), S. 683.
(53) Kowalski, G. und R. Pregla, Dispersion characteristics of shielded microstrips with finite thickness. AEÜ, 25 (1971), S. 193.
(54) Schmitt, H. J. und K. H. Sarges, Wave propagation in microstrip. NTZ, 24 (1971), S. 260.
(55) Mittra, R. und T. Itoh, A new technique for the analysis of the dispersion characteristics of microstrip lines. IEEE Trans. MTT-19 (1971), S. 47.
(56) Daly, P. , Hybrid-mode analysis of microstrip by finite-element methods. IEEE Trans., MTT-19 (1971), S. 19.
(57) Denlinger, E. J. , A frequency dependent solution for microstrip transmission lines. IEEE Trans., MTT-19 (1971), S. 30.
(58) Mao, S. , S. Jones und G. D. Vendelin, Millimeterwave integrated circuits. IEEE Trans., ED-15 (1968), S. 517-523.
(59) Vendelin, G. P. , Limitations on stripline Q. Microwave J., 13 (1970), S. 63.
(60) Hyltin, T. M. , Microstrip transmission on semiconductor dielectrics. IEEE Trans., MTT-13 (1965), S. 771.
(61) Emery, F. E. und P. L. Noel, Recent experimental work on silicon microstrip microwave transmission lines. IEEE Trans., ED-15 (1968), S. 483.
(62) Horton, W. H. , J. H. Jasberg und J. D. Noe, Distributed amplification: pratical considerations and experimental results. Proc. IRE, 38 (1950), S. 748-753.
(63) Bassett, H. G. und L. C. Kelly, Distributed amplifiers: some new methods for controlling gain/frequency and transient responses of amplifiers having moderate bandwidth. Proc. IEE, 101 (Part III, 1954), S. 5-14.
(64) Sarma, D. G. , On distributed amplification. Proc. IEE, 102 (Part B, 1955) S. 689-697.
(65) Payne, D. V. , Distributed amplifier theory. Proc. IRE, 41 (1953), S. 759-762.
(66) Scarr, R. W. A. , Discussion on distributed amplifier theory. Proc. IRE, 42 (1954), S. 596-598.
(67) Dosse, D. , Zusammenstellung der theoretischen Grundlagen breitbandiger, für die Verstärkung sehr kurzer Impulse geeigneter Kettenverstärker. NTZ, 11 (1958), S. 61-68.
(68) Chen, W. K. , Distributed amplifier theory. Proc. 1967 5th Allerton Conference on Circuit and System Theory, S. 300-316.
(69) Chen, W. K. , Theory and Design of transistor distributed amplifiers. IEEE J., SC-3 (1968), S. 165-179.
(70) Müller, A. , Kettenverstärker mit Laufzeitdifferenzen zwischen Ausgangsteilsignalen. Dissertation TH Aachen, 1958.
(71) Moore, A. D. , Synthesis of distributed amplifiers for prescribing amplitude response. Stanford University Res. Lab., Tech. Rep. No. 53, 1952.
(72) Demuth, H. B. , An investigation of the iterative synthesis of distributed amplifiers. Stanford University Res. Lab., Tech. Rep. No. 77, 1954.
(73) Caryotakis, G. A. , H. B. Demuth und A. D. Moore, Iterative network synthesis, IRE Convention Record, 1955, Part 2, S. 9-16.
(74) Koch, J. , Erhöhung des Wirkungsgrades eines breitbandigen Kettenverstärkers durch Kompensation seiner Nullstellen und durch Anordnung der restlichen Pole auf einer Tschebyscheffschen Ellipse. AEÜ, 14 (1960), S. 348-360.
(75) Harden, D. , Über die Möglichkeit des Tschebyscheffschen Verhaltens von Breitbandverstärkern bei Einführung zusätzlicher induktiver Kopplungen. AEÜ, 19 (1965), S. 436-444.
(76) Rudenberg, H. G. , Distributed coupling and amplification of electric waves. Dissertation, Havard University, 1950.
(77) Butwell, R. J. , A study of periodic structures as applied to distributed amplifiers. Research Report EE 451, Corriell University School of Electrical Engineering, 1960.
(78) Lewis, I. A. D. , Analysis of a transmission-line type of thermionic amplifier valve. Proc. IEE, 100 (Part IV, 1953), S. 16-24.
(79) McIver, G. W. , Traveling wave transistor. Proc. IEEE, 53 (1965), S. 1747-1748.
(80) Kopp, E. H. , A coupled mode analysis of the travelling wave transistor. Proc. IEEE, 54 (1966), 1571-1572.
(81) Kohn, G. und R. Landauer, Distributed field-effect amplifiers. Proc. IEEE, 56 (1968), S. 1136-1137.

(82) Jutzi, W., Theorie zweier aktiv und passiv gekoppelter Leitungen. AEÜ, 23 (1969), S. 1-8.
(83) Jutzi, W., A Mesfet distributed amplifier with 2 GHz bandwidth. Proc. IEEE, 57 (1969), 1195-1196.
(84) Jutzi, W., Hochfrequenzschaltungen mit Mikrowellen Mesfet in Hybrid-Technik. Vortrag, Mikroelektronikkongreß, München, 1970.
(85) Bandler, J.W., Computer optimization of a stabilizing network for a tunnel-diode amplifier. IEEE Trans., MTT-16 (1968), S. 326-333.
(86) Box, M.J., A comparison of several current optimization methods, and the use of transformations in constrained problems. Computer J., 9 (1966), S. 67.
(87) Powell, M.J.D., An efficient method for finding the minimum of a function of several variables without calculating derivatives. Computer J., 7 (1964), 155.
(88) Blondin, K., Entwurf und Berechnung von Kettenverstärkern. Diplomarbeit am Institut für Halbleitertechnik, TH Aachen, 1971.

Abbildungen

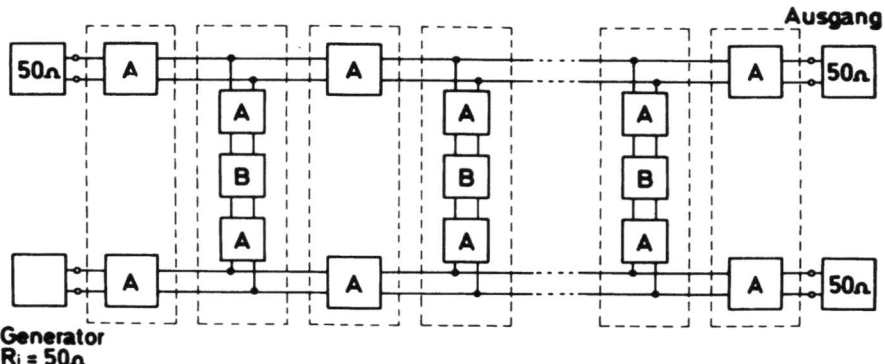

Abb. 1: Grundsätzlicher Aufbau eines Kettenverstärkers
(s. hierzu Abschnitt 4.2)

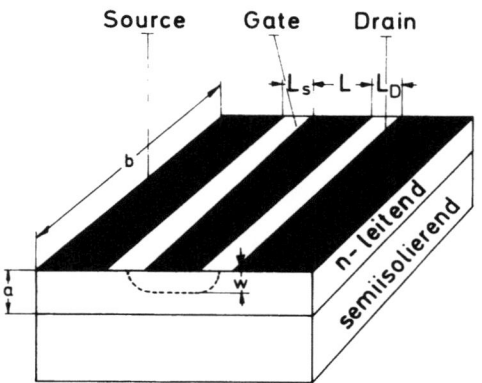

Abb. 2: Schematischer Aufbau eines MeSFETs

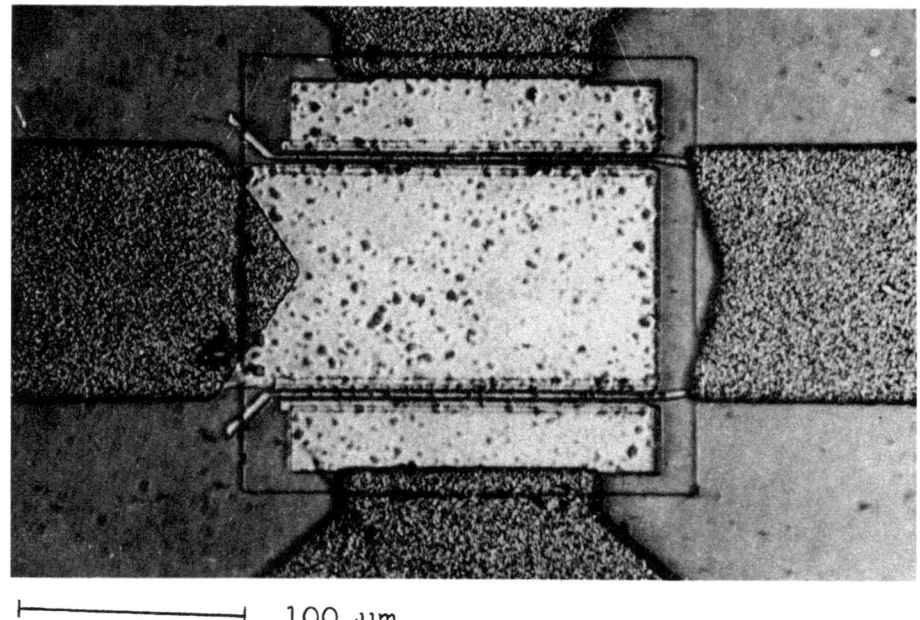

|⎯⎯⎯⎯⎯⎯⎯⎯⎯⎯⎯⎯| 100 µm

<u>Abb. 3</u>: GaAs-MeSFET mit 50 Ω Streifenleitungsanschlüssen an Drain
(links) und Gate (rechts)

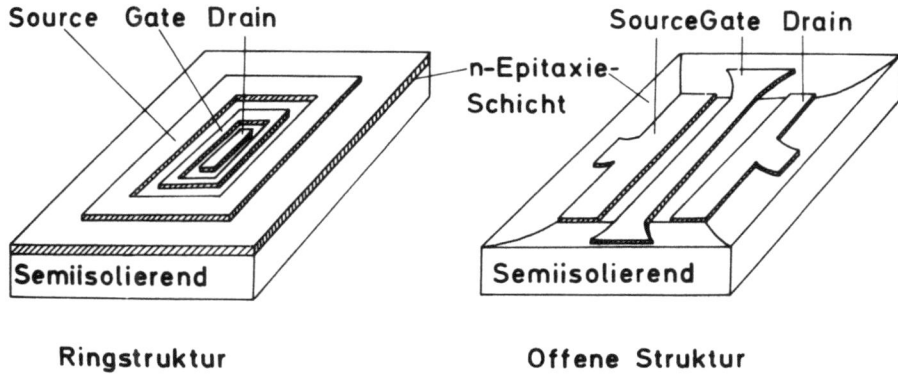

Ringstruktur Offene Struktur

<u>Abb. 4</u>: Prinzipielle Strukturen von MeSFETs

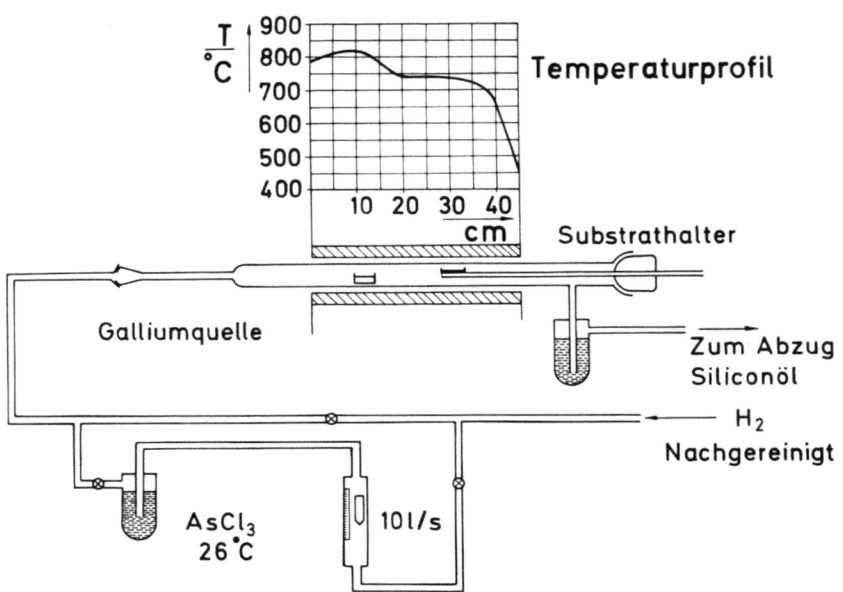

Abb. 5: Anlage für die Epitaxie aus der Gasphase (16) mit den typischen Verfahrensparametern

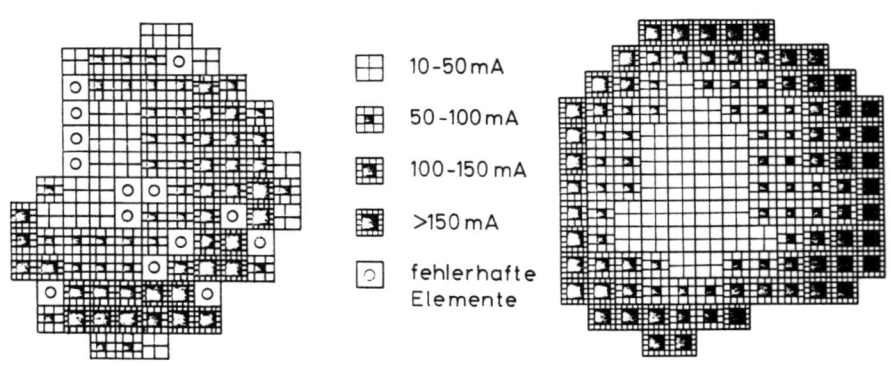

Abb. 6: Die Streuung der Sättigungsströme von MeSFETs ist ein Maß für die Kanaldicke

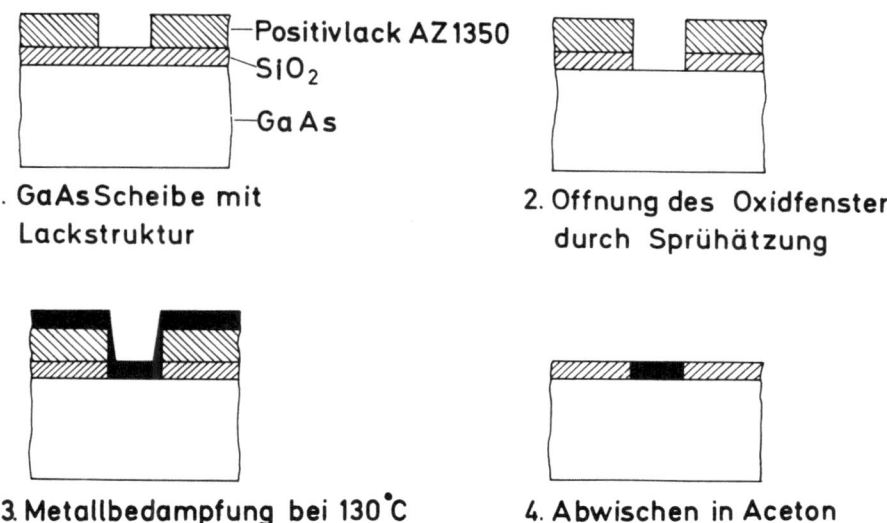

Abb. 7: Arbeitsschritte bei der Abhebetechnik

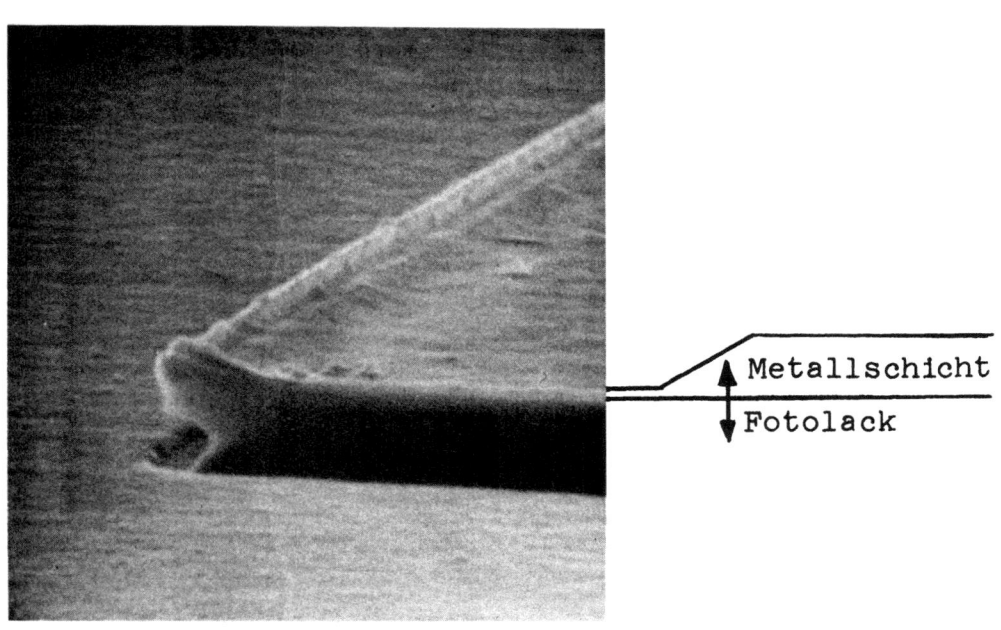

Abb. 8: Scheibenoberfläche vor dem Strippen mit aufgerollter Fotolackkante

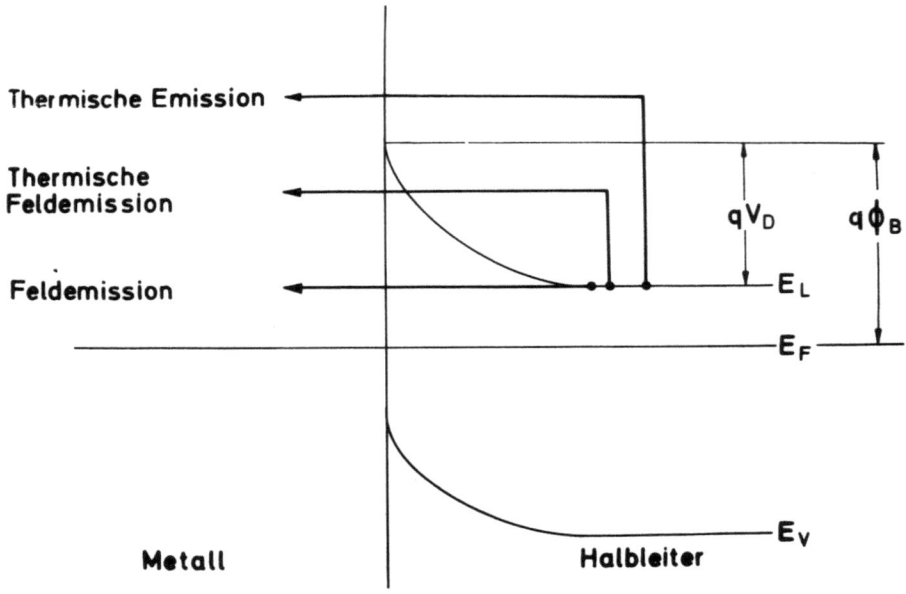

Abb. 9: Bandstruktur des Metall-Halbleiterkontaktes

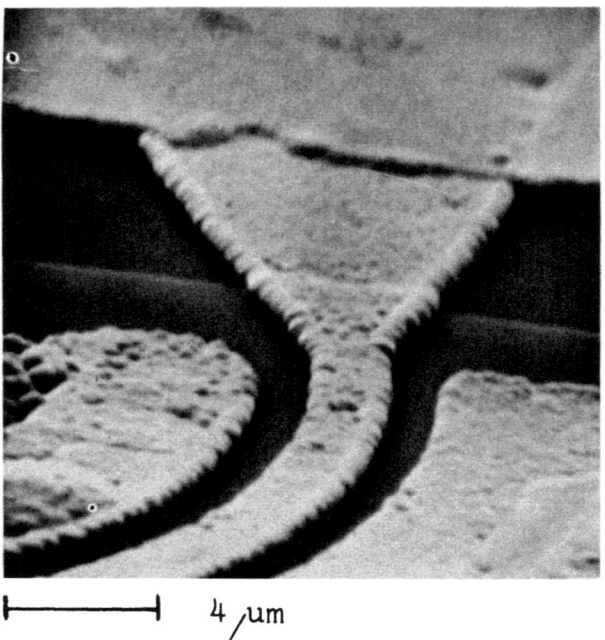

Abb. 10: Gateregion eines MeSFETs nach der galvanischen Verstärkung mit 0,6 μm Gold. Der Gatestreifen ist oben mit der Streifenleitung verbunden, überwindet die Mesaflanke und befindet sich in der unteren Bildhälfte zwischen Source und Drain

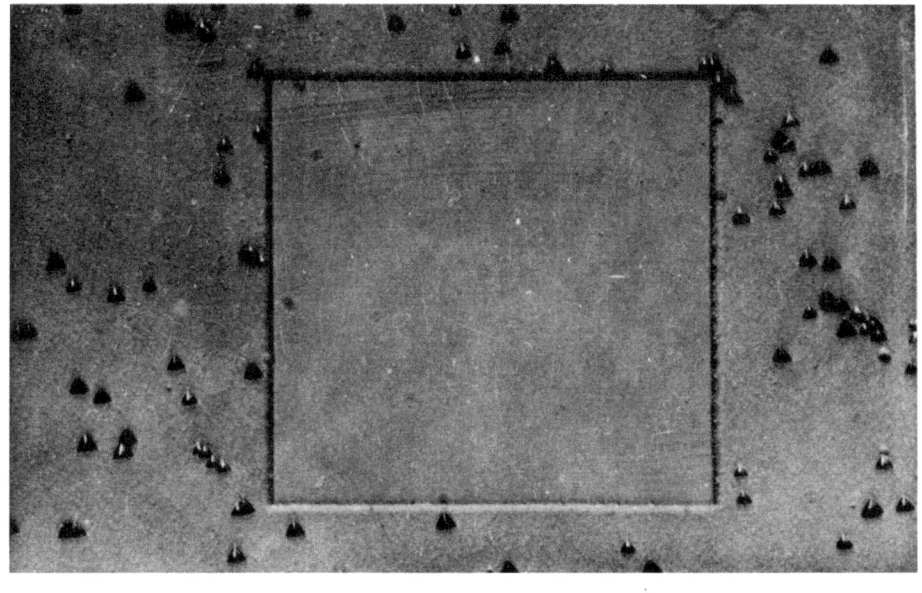

⊢─────────⊣ 100 µm

Abb. 11: Mesainsel auf einer GaAs-Scheibe

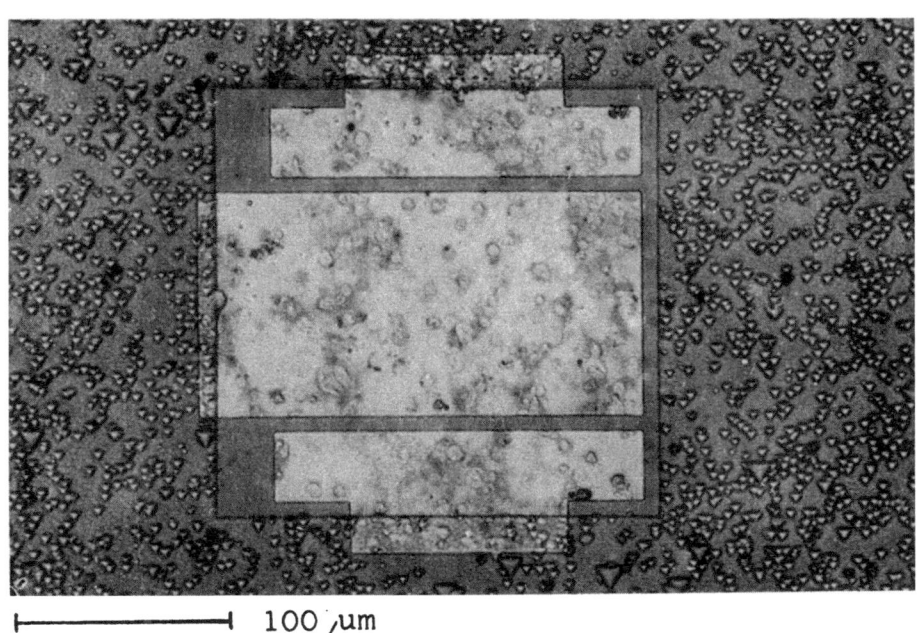

⊢─────────⊣ 100 µm

Abb. 12: Ohmsche Kontakte auf der Mesainsel nach der Legierung. In der Mitte befindet sich der Drainkontakt, oben und unten die beiden Sourcekontakte

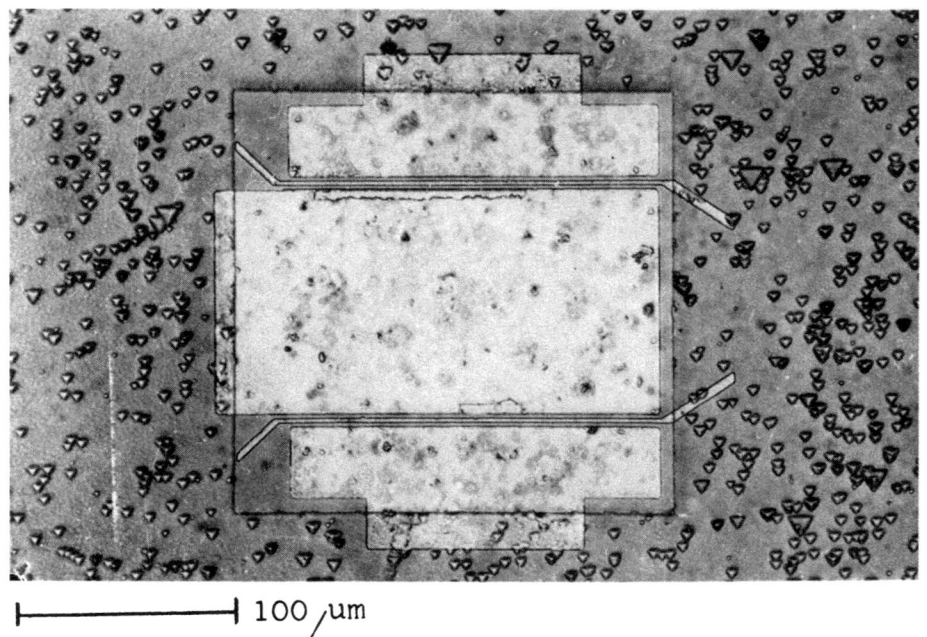

⊢――――⊣ 100 /um

Abb. 13: Scheibenoberfläche nach dem Strippen. Die Chrom-Nickel-Schicht ist bis auf die schmalen Gatestreifen (2 /um) entfernt

⊢――――⊣ 800 /um

Abb. 14: GaAs-MeSFET in einer Streifenleitungs-Meßfassung. Drain und Gate werden durch Kontaktfederchen angeschlossen, Source ist über breite Goldflächen und leitfähigem Kleber mit der Grundplatte verbunden

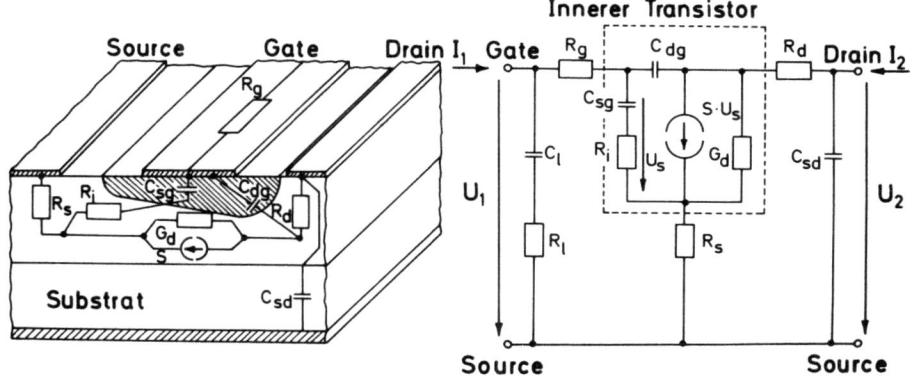

Abb. 15: Ersatzschaltbild eines MeSFETs (30)

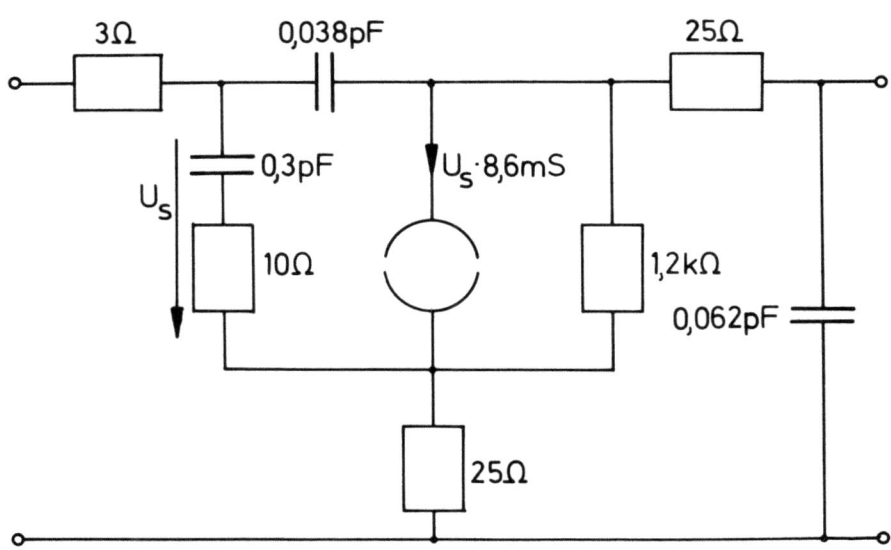

Abb. 16: Ersatzbild eines MeSFETs mit f_{max} = 7 GHz (gültig bis f_{max})

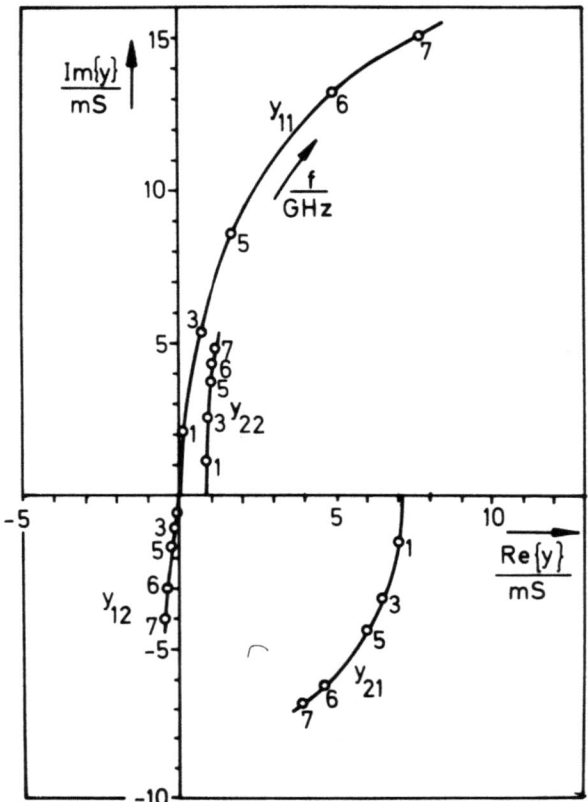

Abb. 17: Y-Parameter des MeSFETs nach Abb. 16

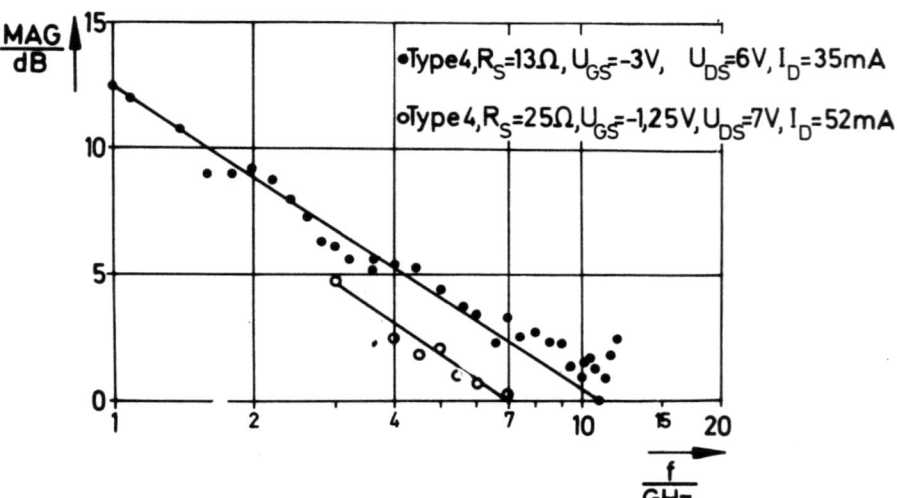

Abb. 18: Maximal verfügbare Leistungsverstärkung

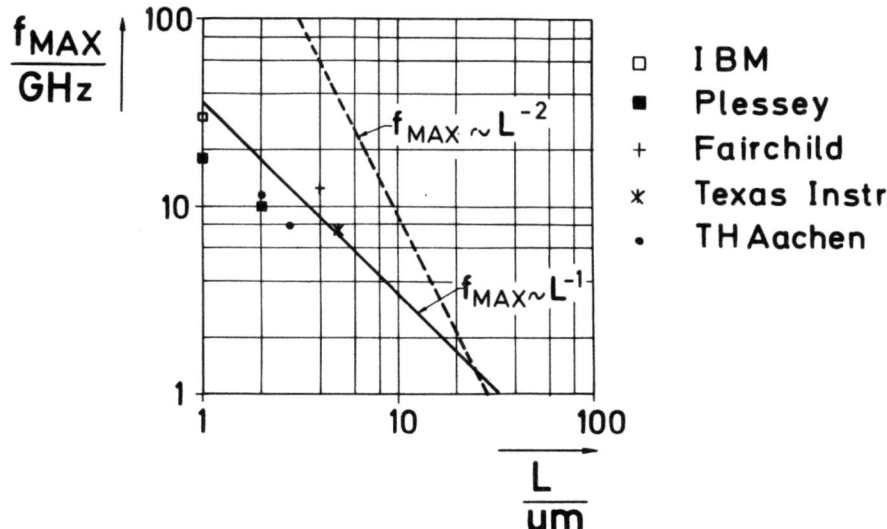

Abb. 19: Vergleich der Grenzfrequenzen von GaAs-MeSFETs (Labormuster)

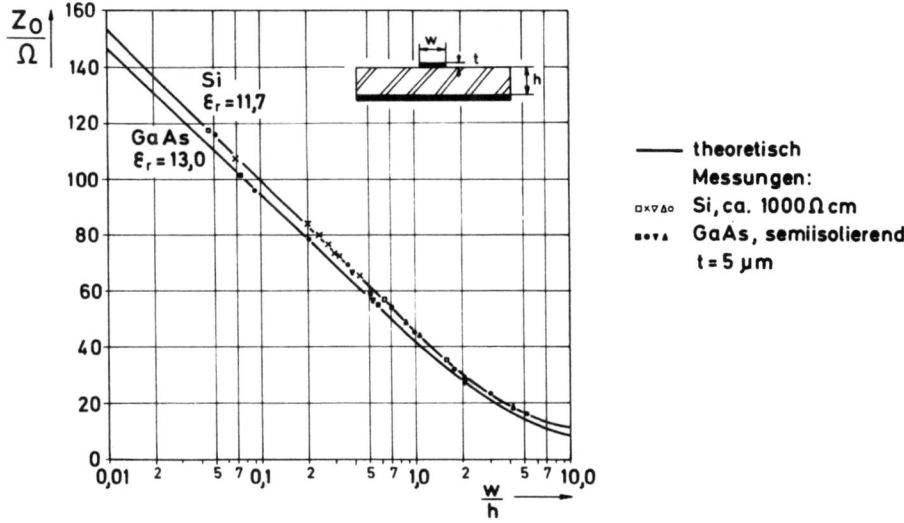

Abb. 20: Wellenwiderstand als Funktion von w/h

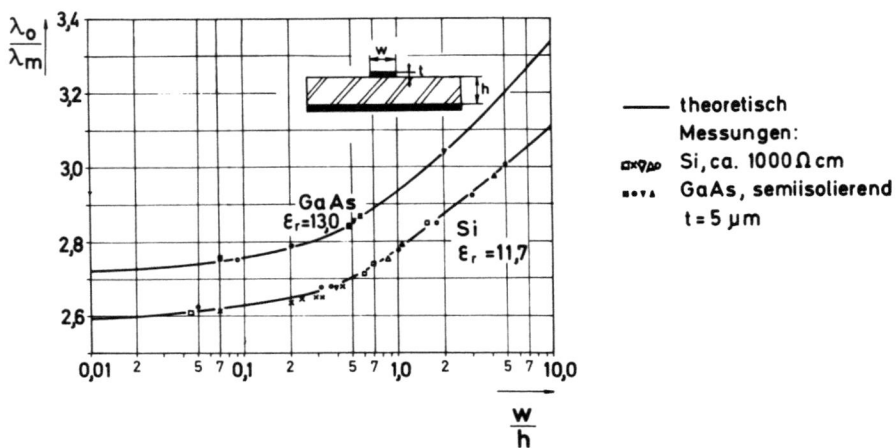

Abb. 21: Verkürzungsfaktor als Funktion von w/h

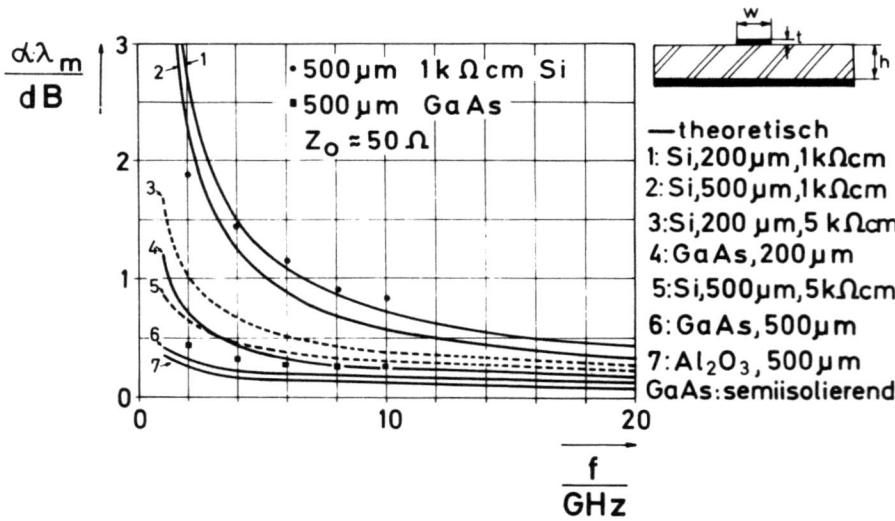

Abb. 22: Dämpfung pro Wellenlänge als Funktion der Frequenz

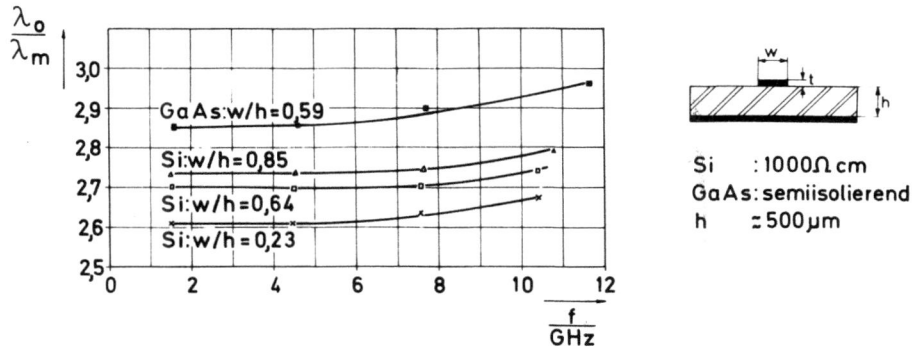

Abb. 23: Verkürzungsfaktor als Funktion der Frequenz

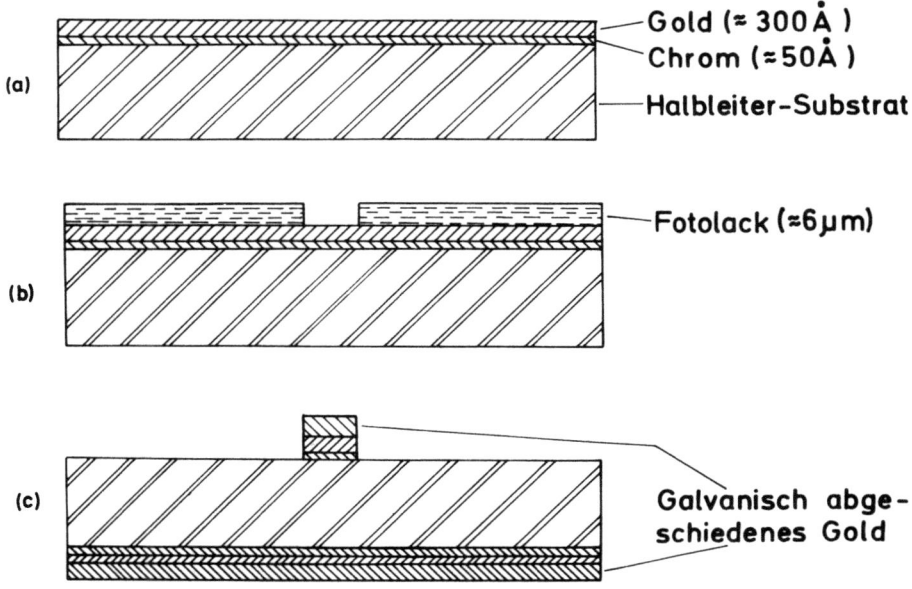

Abb. 24: Fertigungsschritte integrierter Mikrowellenschaltungen

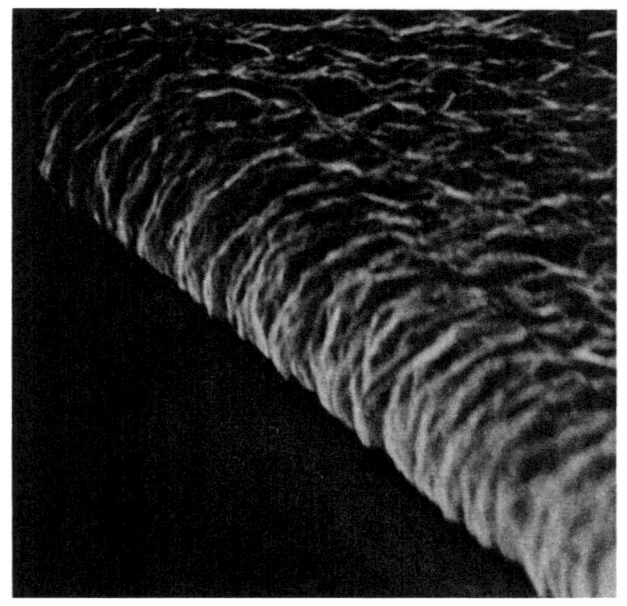

Abb. 25: 5 µm dicker Goldleiter auf einem Halbleitersubstrat

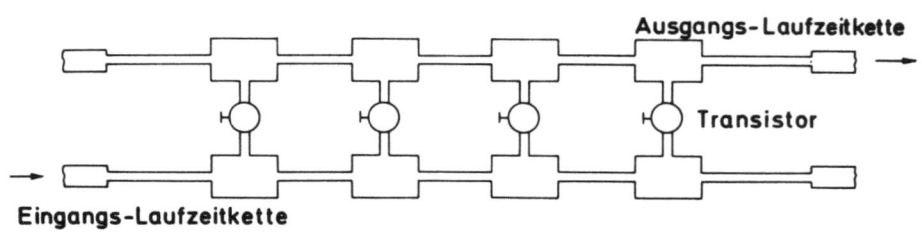

Abb. 26: Kettenverstärker in Microstrip-Technik

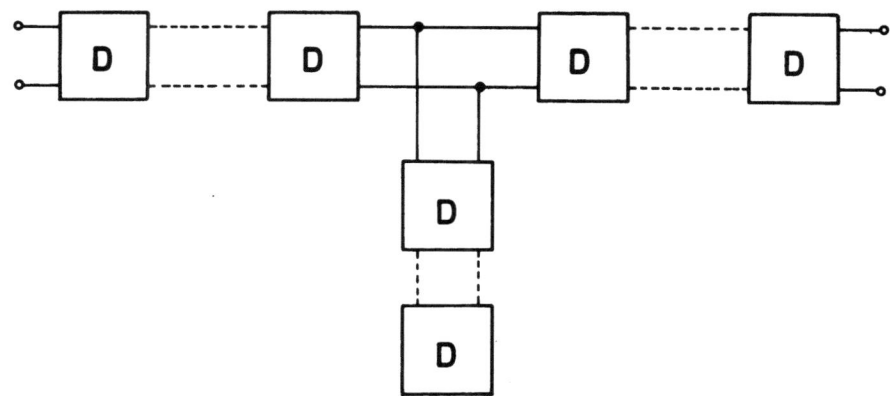

Abb. 27: Klasse von Filterstrukturen

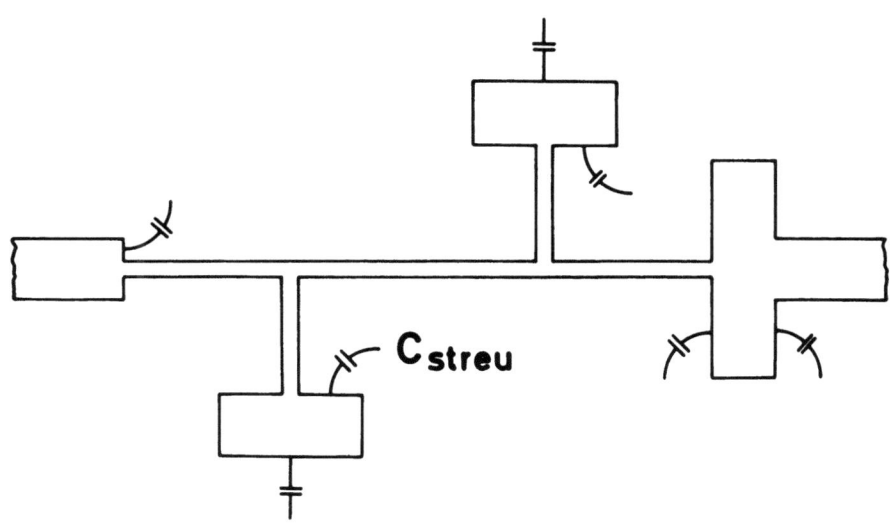

Abb. 28: Tiefpaßfilter in Microstrip-Technik

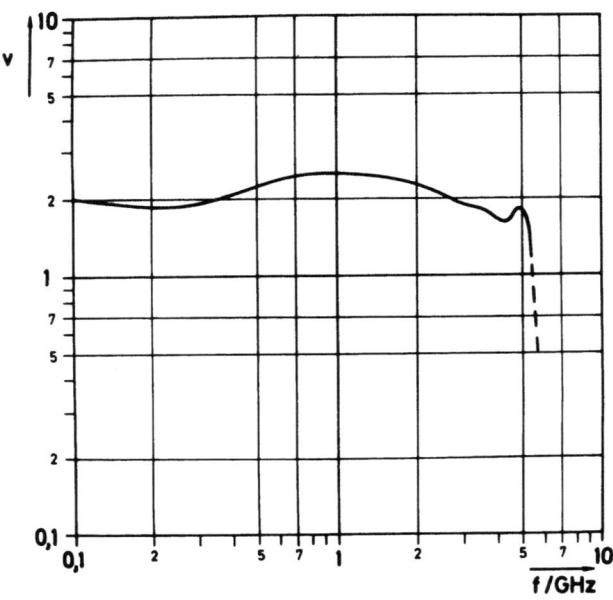

Abb. 29: Kettenverstärker mit 12 Transistoren (f_{max} = 7 GHz)

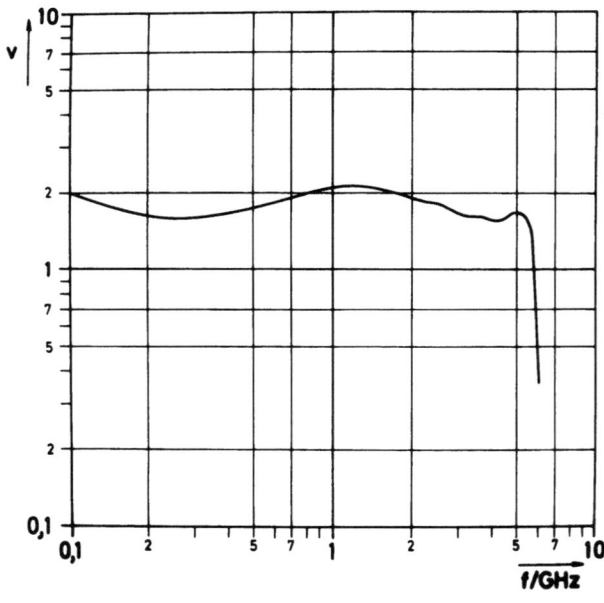

Abb. 30: Kettenverstärker mit 12 Transistoren

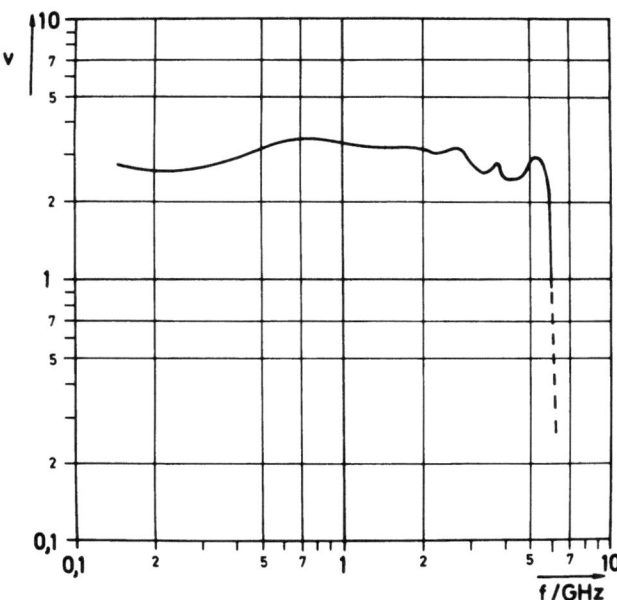

Abb. 31: Kaskadenschaltung von 2 identischen Kettenverstärkern mit je 12 Transistoren

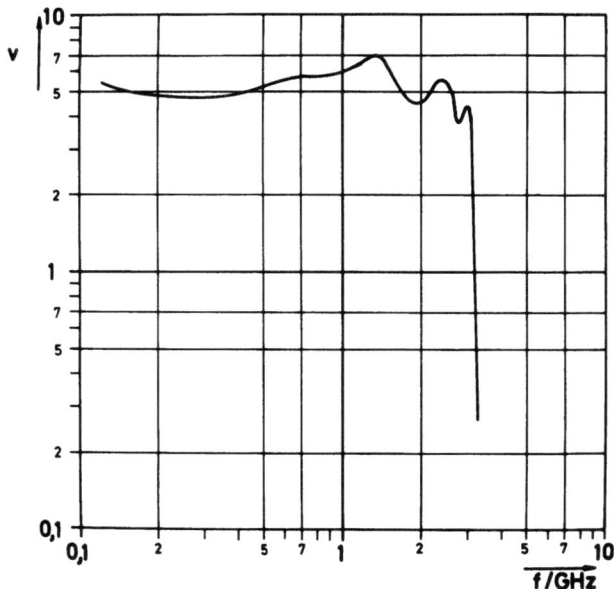

Abb. 32: Kettenverstärker mit 64 Transistoren

Forschungsberichte des Landes Nordrhein-Westfalen

Herausgegeben im Auftrage des Ministerpräsidenten Heinz Kühn
vom Minister für Wissenschaft und Forschung Johannes Rau

Sachgruppenverzeichnis

Acetylen · Schweißtechnik
Acetylene · Welding gracitice
Acétylène · Technique du soudage
Acetileno · Técnica de la soldadura
Ацетилен и техника сварки

Arbeitswissenschaft
Labor science
Science du travail
Trabajo científico
Вопросы трудового процесса

Bau · Steine · Erden
Constructure · Construction material ·
Soilresearch
Construction · Matériaux de construction ·
Recherche souterraine
La construcción · Materiales de construcción ·
Reconocimiento del suelo
Строительство и строительные материалы

Bergbau
Mining
Exploitation des mines
Minería
Горное дело

Biologie
Biology
Biologie
Biologia
Биология

Chemie
Chemistry
Chimie
Quimica
Химия

Druck · Farbe · Papier · Photographie
Printing · Color · Paper · Photography
Imprimerie · Couleur · Papier · Photographie
Artes gráficas · Color · Papel · Fotografía
Типография · Краски · Бумага · Фотография

Eisenverarbeitende Industrie
Metal working industry
Industrie du fer
Industria del hierro
Металлообрабатывающая промышленность

Elektrotechnik · Optik
Electrotechnology · Optics
Electrotechnique · Optique
Electrotécnica · Optica
Электротехника и оптика

Energiewirtschaft
Power economy
Energie
Energía
Энергетическое хозяйство

Fahrzeugbau · Gasmotoren
Vehicle construction · Engines
Construction de véhicules · Moteurs
Construcción de vehículos · Motores
Производство транспортных средств

Fertigung
Fabrication
Fabrication
Fabricación
Производство

Funktechnik · Astronomie
Radio engineering · Astronomy
Radiotechnique · Astronomie
Radiotécnica · Astronomía
Радиотехника и астрономия

Gaswirtschaft
Gas economy
Gaz
Gas
Газовое хозяйство

Holzbearbeitung
Wood working
Travail du bois
Trabajo de la madera
Деревообработка

Hüttenwesen · Werkstoffkunde
Metallurgy · Materials research
Métallurgie · Matériaux
Metalurgia · Materiales
Металлургия и материаловедение

Kunststoffe
Plastics
Plastiques
Plásticos
Пластмассы

Luftfahrt · Flugwissenschaft
Aeronautics · Aviation
Aéronautique · Aviation
Aeronáutica · Aviación
Авиация

Luftreinhaltung
Air-cleaning
Purification de l'air
Purificación del aire
Очищение воздуха

Maschinenbau
Machinery
Construction mécanique
Construcción de máquinas
Машиностроительство

Mathematik
Mathematics
Mathématiques
Matemáticas
Математика

Medizin · Pharmakologie
Medicine · Pharmacology
Médecine · Pharmacologie
Medicina · Farmacología
Медицина и фармакология

NE-Metalle
Non-ferrous metal
Metal non ferreux
Metal no ferroso
Цветные металлы

Physik
Physics
Physique
Física
Физика

Rationalisierung
Rationalizing
Rationalisation
Racionalización
Рационализация

Schall · Ultraschall
Sound · Ultrasonics
Son · Ultra-son
Sonido · Ultrasónico
Звук и ультразвук

Schiffahrt
Navigation
Navigation
Navegación
Судоходство

Textilforschung
Textile research
Textiles
Textil
Вопросы текстильной промышленности

Turbinen
Turbines
Turbines
Turbinas
Турбины

Verkehr
Traffic
Trafic
Tráfico
Транспорт

Wirtschaftswissenschaften
Political economy
Economie politique
Ciencias económicas
Экономические науки

Einzelverzeichnis der Sachgruppen bitte anfordern

 **Westdeutscher Verlag · Opladen**
567 Opladen/Rhld., Ophovener Straße 1–3, Postfach 1620

MIX
Papier aus verantwortungsvollen Quellen
Paper from responsible sources
FSC® C105338

If you have any concerns about our products,
you can contact us on
ProductSafety@springernature.com

In case Publisher is established outside the EU,
the EU authorized representative is:
**Springer Nature Customer Service Center GmbH
Europaplatz 3, 69115 Heidelberg, Germany**

Printed by Libri Plureos GmbH
in Hamburg, Germany